DES
BALLONS
AÉROSTATIQUES,

DE

LA MANIÈRE DE LES CONSTRUIRE,

DE LES FAIRE ÉLEVER:

AVEC

QUELQUES VUES POUR LES RENDRE UTILES.

On y a joint l'HISTOIRE DES BALLONS les plus singuliers, soit par la manière dont ils furent construits, soit par l'élévation où ils sont parvenus, & leur capacité.

Orné de planches en taille-douce.

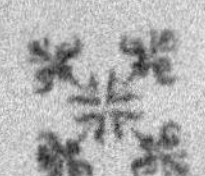

A LAUSANNE,
Chez J. P. HEUBACH & COMP.

M. DCC. LXXXIV.

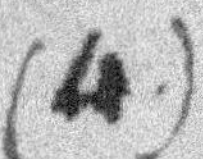

MONTGOLFIER nous apprit à créer un nuage,
Son génie étonnant aussi hardi que sage,
Sous un immense voile enfermant la vapeur,
Par la capacité détruit la pesanteur.
Notre audace bientôt en saura faire usage :
Nous soumettrons de l'air le mobile élément,
Et des champs azurés le dangereux voyage
Ne nous paroîtra plus qu'un simple amusement.

Par M. GUDIN DE LA BRENELERIE.

DISCOURS

PRÉLIMINAIRE

LA découverte de MM. de Montgolfier a produit une grande senfation dans
l'Europe , & elle eft inconteftablement
le fruit du génie ; mais jufqu'à préfent
les détails des belles expériences qui ont
été faites à ce fujet , font fi peu connus , & tout ce qu'on en a rapporté eft fi
vague , & fouvent fi contradictoire , que
les perfonnes éloignées de la capitale ,
fe font trouvées dans une incertitude &
un embarras qui ne leur a pas permis
de fuivre une carrière auffi neuve & auffi
intéreffante.

C'eft dans l'intention de parer à cet
inconvénient , & de donner aux favans
une preuve du defir que j'ai de faire quel-

que chofe qui puiffe leur être agréable ,
que je m'empreffe de publier des faits
que j'ai fuivis moi-même avec attention ;
j'ai tâché de ne négliger aucune des circonftances qui pourroient tendre à donner
des éclairciffemens fur cette matiere.

Toutes les perfonnes inftruites, & qui
prennent intérêt aux fciences, ont très-
bien fenti le mérite de cette découverte ,
& ont rendu juftice à ceux qui en
étoient les inventeurs ; mais , comme
l'on ne doit pas s'attendre que les hommes aient tous le même génie & la
même façon de penfer, & qu'il en eft
d'affez malheureufement nés , pour n'ap-
prouver que ce qu'ils ont fait eux - mêmes , MM. de Montgolfier ont dû trouver quelques contradicteurs & des jaloux.
Ils ont été , à la vérité, en bien plus
petit nombre dans un fiècle éclairé , que
dans un tems où il y auroit eu moins d'inf-
truétions ; un feul n'a pas craint d'avancer

qu'il avoit eu depuis plus d'un an le projet d'exécuter une Machine aéroſtatique en taffetas enduit de gomme élaſtique, qu'il vouloit remplir d'air inflammable. Mais il n'eſt point de découverte que l'ignorance ou la médiocrité n'enlevât au génie, en employant un pareil langage. Quelques autres, moins mal intentionnés, mais nés avec un eſprit inquiet, & poſſédés de la manie de vouloir ôter toute eſpèce de découverte à leurs contemporains, ont prétendu que MM. de Montgolfier avoient eu parmi les auteurs anciens des guides qui les ont dirigés, & que leur expérience n'eſt pas nouvelle. Ces derniers voulant prouver leur aſſertion, ſe ſont enfoncés dans l'érudition, & ont bouleverſé des bibliothèques entières ; ils ont cité *Lana*, *Leibnitz*, *Borelli*, *le père Galien*, & juſqu'à un manuſcrit eſpagnol, qu'on a d'abord dit exiſter à la bibliothèque du Roi, & enſuite dans celle de Turin. Comme ce manufcrit n'eft certainement pas à Paris, & qu'on n'a donné aucune preuve qu'il fût dans la bibliothèque du roi de Sardaigne, & fur - tout comme on n'a pas dit un mot de ce qu'il contenoit, il eft inutile d'en parler davantage. Quant à Leibnitz & à Borelli, ces deux favans, loin de donner des idées fur la manière de s'enlever, en ont au contraire l'un & l'autre nié la poffibilité.

Lana & *Galien* méritent plus d'attention; le livre de ce premier auteur étant très-rare, j'entrerai dans quelques détails à fon fujet ; je rapporterai auffi quelques paffages curieux du père Galien, dont l'ouvrage tombé dans l'oubli, quoique le fruit d'une imagination vive & fyftématique , n'eft pas dénué de tout mérite.

Le jéfuite Pierre - François Lana de Brefcia , publia en 1670 un ouvrage italien, qui a pour titre *Prodomo dell'arte maestra. Brescia, 1670, nella stamperia dei Rizzardi*, in-folio, avec des gravures. Ce livre est extrêmement rare, & l'exemplaire que j'ai consulté est celui de la bibliothèque du Roi (1).

L'on trouve dans le chapitre 6, le projet de *construction d'un navire qui devoit se soutenir & voyager dans l'air à voile & à rames.*

Les principaux agens de cette machine, consistoient en quatre Sphères ou Globes, dans lesquels le vide parfait devoit être produit. Leur diamètre étoit de 20 pieds; leur superficie, selon les calculs de l'auteur, de 1232 pieds, & leur solide de 5749 pieds ⅓. Mais outre

(1) Quoique la bibliothèque fût fermée à cause des vacances, M. l'Abbé des Aulnays, qui sacrifie son repos au soin de sa place & à l'avantage des sciences, a bien voulu se prêter à toutes les recherches qui pouvoient m'intéresser.

que ces proportions ne font pas exactes, c'eſt que ſa manière d'opérer le vide eſt des plus défectueuſes ; car il exigeoit pour cela de remplir les Ballons d'eau, de les vider, & de fermer tout de ſuite le robinet par où l'eau devoit s'échapper. Enfin, *Lana* ne donnant à l'épaiſſeur de ſon cuivre que $\frac{1}{4}$ de ligne, rendoit l'exécution de ſes Globes abſolument impoſſible. Auſſi Leibnitz qui à commencé ce projet, conclut avec raiſon de l'exceſſive ténuité de cette enveloppe, que la choſe ne pouvoit pas avoir lieu ; *quod fieri nequit.*

Comme la gravure qui accompagne l'ouvrage *dell'arte maeſtra*, repréſente quatre Ballons qui ſe ſoutiennent en l'air, & qui ſupportent, au moyen de cordages, un bateau avec une voile, les perſonnes qui ont été à portée d'obſerver cette planche ſans lire le texte, n'ont pas manqué de conclure que MM. de Montgolfier n'ont fait que copier *Lana* ; mais l'on voit à présent que leur découverte est absolument étrangère aux idées du jé-suite Italien.

Le père *Joseph Galien*, dominicain, ancien professeur de philosophie & de théologie dans l'université d'Avignon, publia en 1755, à *Avignon chez le li-braire Fez*, une brochure petit *in-12*, intitulée *l'art de naviger dans les airs, amusement physique & géométrique, pré-cédé d'un mémoire sur la nature & la formation de la grêle.*

Ce livre dont il y a eu une seconde édition chez le même libraire en 1757, & qui n'avoit été regardé jusqu'à présent que comme un délire d'imagination, n'est pas sans intérêt depuis la découverte de MM. de Montgolfier, & je pense que les lecteurs en verront ici avec plaisir quelques passages. " Nous voici donc » arrivés, dit le père Galien, au mo-

„ ment de la conſtruction de notre vaiſ-
„ ſeau pour naviger dans les airs & tranſ-
„ porter, ſi nous le voulons, une nom-
„ breuſe armée avec tous ſes attirails
„ de guerre & ſes proviſions de bouche,
„ juſqu'au milieu de l'Afrique, ou dans
„ d'autres pays non moins inconnus.
„ Pour cela, il faut lui donner une vaſte
„ capacité ; qu'importe, il n'en coûtera
„ pas davantage, dès que nous ne le
„ fabriquerons qu'en idée.

„ Plus il ſera grand, plus ſa peſanteur
„ en ſera abſolument plus grande, mais
„ auſſi elle en ſera moindre reſpective-
„ ment à ſon énorme grandeur, comme
„ peuvent le comprendre ceux qui ont
„ quelque teinture de géométrie, & qui
„ ſavent que plus un corps eſt grand,
„ moins il a à proportion de ſuperficie,
„ quoiqu'il en ait abſolument davantage.

„ Nous conſtruirons ce vaiſſeau de
„ bonne & forte toile doublée, bien

» cirée ou goudronnée, couverte de peau,
» & fortifiée de diſtance en diſtance de
» bonnes cordes, ou même de cables
» dans les endroits qui en auront beſoin,
» ſoit en dedans, ſoit en dehors, en telle
» ſorte qu'à évaluer la peſanteur de tout
» le corps de ce vaiſſeau, indépendam-
» ment de ſa charge, ce ſoit environ
» deux quintaux par toiſe quarrée.

» Quant à la forme qu'il faudra don-
» ner à ce vaiſſeau, on aura aſſez le loi-
» ſir d'y penſer, avant que de mettre la
» main à l'œuvre ; contentons-nous pour
» le préſent d'examiner ſi un vaiſſeau de
» figure cubique, ayant, par exemple,
» 1000 toiſes de diamètre, dont le ſeul
» corps, indépendamment de ſa charge,
» pèſeroit 200 livres ou 2 quintaux par
» toiſe quarrée, pourroit ſe ſoutenir dans
» l'air à la région de la grêle, ſuppoſé
» que la peſanteur de l'air de cette région
» ſoit à celle de l'eau, comme 1 eſt à

„ 1000 , & que la pesanteur de l'air de
„ la région immédiatement au-dessus,
„ ne soit à celle de l'eau que comme 1
„ est à 2000.

„ Le vaisseau seroit plus long & plus
„ large que la ville d'Avignon , & sa
„ hauteur ressembleroit à celle d'une
„ montagne bien considérable. Un seul
„ de ses côtés contiendroit un million
„ de toises quarrées ; car 1000 est la ra-
„ cine quarrée d'un million. Il auroit six
„ côtés égaux, puisque nous lui don-
„ nons une figure cubique. Nous suppo-
„ sons aussi qu'il fût couvert; car, s'il ne
„ l'étoit pas, il ne faudroit avoir égard
„ qu'à cinq de ses côtés, pour mesurer
„ combien pèseroit le corps de tout le
„ vaisseau indépendamment de sa cargai-
„ son, en lui donnant deux quintaux de
„ pesanteur par toise quarrée. Ayant
„ donc six côtés égaux , & chaque côté
„ étant d'un 1000000 de toises quarrées,

» dont chacune pefant deux quintaux, il
» s'enfuit que le feul corps de ce vaiffeau
» pèferoit 1 2000000 de quintaux, pe-
» fanteur énorme, au-delà de dix fois plus
» grande que n'étoit celle de l'arche de
» Noé avec tous les animaux, & toutes
» les provifions qu'elle renfermoit".

Le père Galien interrompt alors ces détails pour calculer la pefanteur de cette arche célèbre, & cette épifode l'éloigne, pour quelque tems, de fon vaiffeau. Mais enfin il y revient, & continue ainfi fa narration.

» Nous voilà donc embarqués dans
» l'air avec un vaiffeau d'une horrible
» pefanteur. Comment pourra-t-il s'y
» foutenir & tranfporter avec cela une
» nombreufe armée, tout fon attirail de
» guerre & fes provifions de bouche,
» jufqu'au pays le plus éloigné ? C'eft
» ce que nous allons examiner.

» La pefanteur de l'air de la région

„ fur laquelle nous établiſſons notre na-
„ vigation, étant ſuppoſée à celle de l'eau
„ comme 1 à 1000, & la toiſe cube
„ d'eau peſant 15120 livres, il s'enſuit
„ qu'une toiſe cube de cet air pèſera
„ environ 15 livres & 2 onces; & celui
„ de la région ſupérieure étant la moitié
„ plus léger, la toiſe cube ne pèſera
„ qu'environ 7 livres 9 onces. Ce ſera
„ cet air qui remplira la capacité du
„ vaiſſeau; c'eſt pourquoi nous l'appel-
„ lerons l'air intérieur, qui réellement
„ pèſera ſur le fond du vaiſſeau, à rai-
„ ſon de 7 livres 9 onces par toiſe cube;
„ mais l'air de la région inférieure lui
„ réſiſtera avec une force double, de
„ ſorte que celui-ci ne conſumera que
„ la moitié de ſa force pour le contre-
„ balancer, & il lui en reſtera encore la
„ moitié, pour contrebalancer & ſoute-
„ nir le vaiſſeau avec toute ſa cargaiſon.
„ Le vaiſſeau que nous avons lancé

» en idée fur la région de la grêle, eft
» de figure cubique; mille millions de
» toifes cubes pefant chacune 7 livres
» 9 onces, font 7562500000 livres,
» ou 7562500 quintaux. Notre vaif-
» feau fe foutiendra donc dans la région
» où nous l'avons placé, pourvu qu'a-
» vec fa cargaifon, il ne pèfe pas au-
» delà de 7562500 quintaux. Mais
» parce que, pour naviger fans danger
» évident, il faut que le vaiffeau éleve
» fes bords jufqu'à une certaine hauteur
» au-deffus de fon fluide, autrement, à
» la moindre fecouffe, le fluide y en-
» treroit, & le feroit couler à fond;
» allégeons notre vaiffeau de 5625000
» quintaux, & ne lui laiffons pour tout
» fon poids avec fa cargaifon, que
» 7000000 de quintaux. Par le moyen
» de cet allégement, qui feroit un peu
» plus que la douzième partie de tout le
» poids, ce vaiffeau s'éleveroit au-delà

» de 83 toiſes au - deſſus du niveau de
» la région de la grêle ſur laquelle il
» navigeroit.

» Qui de 70000000 quintaux , ôte
» 12000000 quintaux que pèſeroit le
» ſeul corps du vaiſſeau , reſte encore
» pour ſa cargaiſon 58000000 quintaux;
» ce qui iroit 54 fois au-delà de ce que
» pouvoit peſer l'arche de Noé avec
» tout ce qu'elle contenoit d'animaux
» & de proviſions pour un an que dura
» le déluge. . . . . Quand bien
» même il entreroit dans notre vaiſſeau
» quatre millions de perſonnes, peſant
» chacune trois quintaux , ce qui eſt
» un poids au deſſus de ce que pèſe le
» commun des hommes , & que nous
» permettrions à chacune de ces perſon-
» nes d'avoir avec lui 9 quintaux en
» proviſion ou en marchandiſes , tout
» cela ne feroit qu'une charge de qua-
» rante - huit millions de quintaux. Il

„ s'en manqueroit donc encore dix mil-
„ lions de quintaux , pour son entière
„ cargaison.

„ Je comprends donc qu'il ne seroit
„ pas nécessaire de construire , pour no-
„ tre navigation aérienne, des vaisseaux
„ d'une si prodigieuse grandeur.

„ Quant à la forme qu'il faudroit
„ donner à ces vaisseaux , elle seroit sans
„ doute bien différente de celle dont
„ nous venons de parler. Il y auroit
„ beaucoup de choses à ajouter ou à ré-
„ former , pour les rendre commodes ,
„ & bien des précautions à prendre pour
„ obvier aux inconvéniens; mais ce sont
„ des choses que nous laissons aux sages
„ réflexions de nos habiles machinistes.

„ Cette navigation , au reste , ne se-
„ roit pas si dangereuse que l'on pour-
„ roit se l'imaginer : peut-être le seroit-
„ elle moins que celle de mer. Dans
„ celle - ci, tout est perdu lorsque le

„ vaisseau vient à couler à fond ; au-
„ lieu que le cas arrivant dans celle-là,
„ on se trouveroit doucement mis à
„ terre, au grand contentement de ceux
„ qui seroient ennuyés de voguer entre
„ le ciel & la terre, & qui aimeroient
„ mieux venir nous raconter ce qu'ils
„ auroient vu se passer dans ce haut pays
„ des nues, que de continuer leur route.

„ Le vaisseau, en descendant ici bas,
„ iroit avec une lenteur à ne rien faire
„ craindre de funeste pour les gens de
„ dedans, la vaste étendue de la colonne
„ d'air de dessous s'opposant à la vitesse
„ de sa chûte. D'ailleurs ce vaisseau,
„ après même s'être submergé & rempli
„ d'air grossier, ne pèseroit jamais un
„ tiers de plus qu'un pareil volume de
„ cet air. Il viendroit donc à terre beau-
„ coup plus lentement que ne peut faire
„ la plume la plus légère, puisque cette
„ plume, malgré sa légèreté, pèse grand

„ nombre

» nombre de fois plus que l'air en pareil
» volume, & par conféquent beaucoup
» plus à proportion des maſſes, que ne
» feroit notre vaiſſeau ſubmergé ".

Je me ſuis laiſſé inſenſiblement entraîner à tranſcrire ici tout ce que le père
Galien a dit de plus remarquable ſur la
conſtruction & l'uſage de ſon vaiſſeau;
j'avoue de bonne foi que cette eſpèce de
rêve philoſophique qui avoit paſſé juſqu'à ce jour pour le délire le plus com-
plet, a dans ce moment je ne ſais quoi
de curieux & d'intéreſſant qui attache.

L'idée de ce vaiſſeau, d'une capacité
immenſe, fait avec une enveloppe de
toile ou de cuir, & plein d'un air une
fois plus léger que l'air atmoſphérique,
préſente une eſpèce de rapport qui ſe
rapproche juſqu'à un certain point de
l'expérience de la Machine aéroſtatique;
& l'intérêt qu'on a pris à la découverte de
MM. de Montgolfier, influe avantageu-

ſement ſur la théorie hardie, mais ingénieuſe du docteur dominicain.

Il eſt inconteſtable, en ſuppoſant que
MM. de Montgolfier aient eu connoiſſance de ce livre, qu'ils n'ont pu y pui-
ſer aucun des moyens analogues à ceux
qu'ils ont employés ; le père Galien
ayant beſoin d'un air plus léger que l'air
atmoſphérique , ne pouvoit le trouver
que dans la région de la grêle, & il y
tranſportoit ſon vaiſſeau ſur les aîles de
l'imagination, pour y prendre des proviſions de cet air. MM. de Montgolfier
au contraire, cherchant un air auſſi léger , ſavent le créer , & le produiſent à
volonté. L'un , ſemblable à Cyrano , de
Bergerac , voyage dans l'empire des chi-
mères (1) les deux autres, éclairés par

(1) Une preuve que le pere Galien , en donnant
ſon Traité ſur *l'art de naviguer dans les airs*,
n'avoit jamais prétendu faire un ouvrage ſérieux,
c'eſt qu'il s'exprime dans un avertiſſement qui eſt à

le flambeau du génie, calculant des forces nouvelles, & les dirigeant avec méthode, débutent par une expérience faite pour étonner l'efprit humain.

M. de la Folie, de Rouen, auteur d'un roman philofophique publié en 1775, in-8°, fous le titre du *Philofophe fans prétention*, ou *l'homme rare*, fit placer à la tête de fon livre une gravure qui repréfente un homme dans une efpèce de cage garnie de nuages, couronnée par deux Globes, & fufpendue en l'air. Plufieurs perfonnes qui fe font contentées de voir l'eftampe fans lire l'ouvrage,

la tête de fon livre, de la maniere fuivante : " Quant
" à la conféquence ultérieure de pouvoir naviguer
" dans l'air, à la hauteur de la région de la grêle,
" je ne penfe pas que cela expofe jamais perfonne
" aux frais & aux dangers d'une telle navigation ;
" il n'eft queftion ici que d'une fimple théorie fur
" fa poffibilité, & je ne la propofe, cette théorie,
" que par maniere de *récréation phyfique & géo-*
" *métrique* ".

b ij

n'ont pas manqué de publier que ce nouveau char volant avoit donné à MM. de Montgolfier l'idée de la Machine aéroftatique ; mais en rapprochant les paffages du livre de l'académicien de Rouen, nous verrons bientôt que fa manière de conftruire des globes, & de fe diriger dans l'air, n'a abfolument aucun rapport avec les procédés favans de MM. de Montgolfier.

L'auteur du Roman, après avoir mis plufieurs interlocuteurs en fcène, en fait parler un qu'il nomme *Scintilla*, par allufion à l'électricité, de la manière fuivante :

„ J'ai cru ne pas devoir différer un „ feul moment à vous faire part d'une „ découverte intéreffante. Depuis long- „ tems les hommes ont cherché par „ quelles loix méchaniques ils pourroient „ franchir les efpaces aëriens. Je fuis flatté „ de pouvoir vous offrir aujourd'hui la

,, réuffite de mes recherches. La voici,
,, dit-il : Deux efclaves ont porté mon
,, appareil fur la plate - forme de notre
,, tour : rendons-nous y." Douze fages
témoins de ce difcours fe rendent au lieu
indiqué, & l'un d'eux après avoir fa-
vamment differté fur la force & fur l'é-
cart des leviers, paffe à la defcription de
la Machine dans les termes fuivans. " Je
,, vis deux Globes de verre de trois pieds
,, de diamètre, montés au deffus d'un
,, petit fiége affez commode. Quatre
,, montans de bois, couverts de lames de
,, verre, foutenoient ces deux Globes.
,, Dans l'intervalle de ces montans pa-
,, roiffoient quelques refforts que je ju-
,, geai devoir donner le mouvement
,, aux deux Globes. La pièce inférieure
,, qui fervoit de foutien & de bafe au
,, fiége, étoit un plateau enduit de cam-
,, phre & couvert de feuilles d'or. Le
,, tout étoit entouré de fil de métal.

,, Auſſi-tôt que j'eus apperçu cette Ma-
,, chine électrique d'une nouvelle forme,
,, je devins incrédule ſur la réuſſite de
,, Scintilla.

,, Scintilla, dont le corps étoit auſſi
,, alerte que l'imagination, monte leſ-
,, tement ſur ſa méchanique, & pouſ-
,, ſant promptement une détente, nous
,, vîmes les deux Globes tourner avec
,, une rapidité prodigieuſe. Meſſieurs,
,, dit-il, vous voyez que pour m'élever
,, en l'air, mon principal moyen eſt
,, d'annuller au-deſſus de ma tête la
,, preſſion de l'atmoſphere. Obſervez que
,, la percuſſion de la lumière agit ac-
,, tuellement au-deſſous de ma mécha-
,, nique. C'eſt elle qui va m'enlever ſans
,, beaucoup d'efforts, & maître du mou-
,, vement de mes Globes, je deſcendrai
,, ou monterai en telle proportion qu'il
,, me plaira. Vous voyez encore.....

„ Mais nous ne l'entendions plus , fa
„ Machine entourée tout-à-coup d'un
„ cercle lumineux , s'étoit enlevée avec
„ la plus grande viteffe. Jamais fpectacle
„ fi nouveau & fi beau ne s'offrit à nos
„ yeux. Nous le vîmes pendant quel-
„ que tems refter immobile , puis redef-
„ cendre, puis s'élever de nouveau. Enfin,
„ nous le perdîmes de vue. " Chap. III ,
page 28 & fuiv.

L'on voit clairement, par ce que je
viens de rapporter, qu'il n'eft queftion
dans la Machine imaginaire & romanef-
que de M. de la Folie, ni d'invention
ni de procédé qui ait pu éclairer les auteurs de la Machine aéroftatique.

Enfin, l'on a dit que M. Cavallo à
Londres, après avoir fait des bulles de
favon avec de l'air inflammable, avoit
conclu de leur extrême légéreté & de
leur tendance à s'enlever , qu'on pour-

roit, en donnant à l'air inflammable une enveloppe folide & imperméable, faire foutenir des corps confidérables en l'air; mais nous allons voir encore par le témoignage d'un des amis de M. *Cavallo* lui-même, jufqu'à quel point ce phyficien a pouffé fes effais fur l'air inflammable. C'eft de M. Brouffonet, trèshabile naturalifte, & qui a vu opérer M. Cavallo, que je tiens les détails que je vais rapporter ici.

« En 1781, M. *Cavallo* avoit déja fait ,, élever des bulles d'eau de favon pleines ,, d'air inflammable; cette expérience lui ,, avoit fait voir la poffibilité de faire ,, élever des corps confidérables dans ,, l'air. Il fit un fac oblong de trois à ,, quatre pieds de largeur en papier très,, fin; mais il fut fort étonné de voir, ,, quand il voulut le remplir, que le gaz ,, inflammable paffoit au travers du pa,, pier. Il effaya après cela de remplir

„ du même gaz des vessies de cochon ;
„ qu'il ne put jamais parvenir à rendre
„ assez légères. Les vessies de poisson
„ qu'il employa encore, furent dans le
„ même cas. Il étoit pour lors persuadé
„ qu'il pourroit réussir , en faisant une
„ bourse avec l'espèce de peau dont se
„ servent les batteurs d'or , collées les
„ unes avec les autres ; mais je ne pense
„ pas qu'il ait jamais mis ce projet en
„ exécution ; ainsi quoique persuadé de
„ la possibilité de faire enlever dans l'air
„ des corps au moyen de l'air inflam-
„ mable , il ne réussit qu'avec les bulles
„ d'eau de savon (1). Quand bien

(1) L'idée d'employer la peau dont se servent les
batteurs d'or , s'étoit présentée à M. Cavallo à Londres ; mais l'on vient de voir qu'elle resta sans exécution. M. Deschamps , peintre , qui ne connoissoit certainement pas ce qu'avoit pu faire M. Cavallo,
imagina , après la découverte de M. de Montgolfier,
de faire des Globes en papier , qui ne retinrent pas
mieux l'air inflammable que ceux faits à Londres ; il

„ même *MM. de Montgolfier* auroient eu
„ connoissance de ces expériences , ce

se servit ensuite de peau de *baudruche* , & ses Ballons s'enlevèrent. Quelques jours avant que M.
Deschamps fit connoître la matière qu'il employoit ,
M. le marquis d'Arlandes , qui cultive avec succès
plusieurs parties de la physique , s'étoit déja muni
de la même peau des batteurs d'or , pour faire de
semblables Ballons , & il en fit exécuter plusieurs
pour son amusement , qui ne parurent à la vérité ,
qu'après ceux de M. Deschamps.

M. Têtu , jeune physicien , en construisit aussi
de très-élégans ; M. Bayer & d'autres personnes
suivirent cet exemple.

Deux siecles auparavant, Jules-César Scaliger ,
dissertant contre Cardan, au sujet de la colombe
volante d'*Architas* , & donnant la manière dont il
croyoit qu'on pouvoit exécuter une colombe pareille ,
propose , comme un point essentiel , de faire usage
de la peau des batteurs d'or. Ce qu'il a écrit à ce
sujet , mérite de trouver place ici.

" Volanti columbæ maniculum , cujus auctorem
„ Architam tradunt , vel facillimè profiteri audeo.
„ Naviculum sponté mobilem ac sui remigii aucto-
„ rem faciam nullo negotio. Eadem ratio cum vo-
„ lante avicula. Materia ex junci medula parabilis ,
„ *vesiculis amicta aut pelliculis cuibus auri brac-*
„ *teores* , *atque foliatores* (sic enim libet nunc)

„ qui ne paroît pas trop probable, on
„ ne fauroit en aucune manière leur dif-
„ puter le titre d'inventeurs, puifque l'air
„ qu'ils ont employé n'eft pas le même,
„ & que la Machine qu'ils ont faite eft
„ d'une nature entièrement différente de
„ tout ce que M. Cavallo avoit effayé à
„ ce fujet."

En voilà affez, je penfe, fur cet objet;
il me refte à dire un mot fur l'Ouvrage
que je publie. Le peu de tems que j'ai
eu pour mettre en ordre mes obfervations, m'oblige de réclamer la plus grande
indulgence de la part des lecteurs.

J'ai cru que la meilleure manière de
faire connoître les expériences aéroftatiques, faites jufqu'à ce moment, étoit
de les décrire dans l'ordre & aux épo-

„ *utuntur*, nervulis obvoluta: ubi femi-circulus
„ rotam impulerit, motum præftabit aliarum quibus
„ alæ agitabuntur", &c. *Scaliger de fubtilitate
ad Cardanum exercit*, 326.

ques où elles ont eu lieu, en commençant par celle d'Annonay du 5 juin
1783, qui fixe la date de cette belle
découverte.

J'ai décrit les appareils dont on a fait
usage pour ces diverses expériences, &
je me suis attaché à faire connoître
ceux qui m'ont paru les plus avantageux
pour développer les gaz ; ce qui m'a
nécessairement mis dans le cas de parler
de l'air inflammable, & de l'espèce de
vapeur dont MM. de Montgolfier rem-
plissent leur Machine.

Comme plusieurs personnes ont paru
désirer connoître la manière la plus simple & la plus commode pour construire
des Globes de toute grandeur en taffetas
ou en toile, & leur donner une forme
sphérique exacte, je suis entré dans quelques détails à ce sujet.

Le gaz inflammable, & l'espèce de
vapeur qui fait élever les Machines aérof-

tatiques de MM. de Montgolfier, étant
les feules émanations connues jufqu'à ce
jour, comme les plus propres à remplir
cet objet, & comme celles à qui l'on doit
donner la préférence, j'ai fait quelques
recherches fur cette matière.

Le peu de tems que j'ai eu & qui a
prefque été fans ceffe interrompu par
celui qu'il a fallu donner aux diverfes
expériences qui ont été faites, & que
j'ai été bien aife de fuivre avec attention, ne m'ayant permis que d'ébaucher
pour ainfi dire cet Ouvrage, j'ofe efpérer que les perfonnes qui le liront, voudront bien avoir égard aux circonftances où je me fuis trouvé, & à l'empreffement que j'ai eu de me rendre au défir
qu'a témoigné le Public de jouir promptement des détails de tout ce qui a
été fait jufqu'à préfent relativement à ces
expériences.

J'ai cru devoir faire imprimer une

lettre qui m'a été adreſſée par un anony-
me. Les perſonnes que cette découverte
intéreſſe , y trouveront quelques vues
ſyſtématiques ſur le parti qu'on peut tirer
des Machines aéroſtatiques , & ſur l'art
de les diriger.

Enfin , j'ai accompagné ce livre de
pluſieurs planches , deſſinées d'après nature avec une exactitude extrême , &
qui donneront une idée préciſe des expériences qui ont été faites , & des Machines qu'on a employées.

Deux académiciens de la ſociété
royale de Londres , & des ſavans de
Pétersbourg & de Florence , ayant
bien voulu m'annoncer que je ſe-
rois très-exactement inſtruit de tout ce
qui ſera fait à cette occaſion dans ces
dernières villes , je me ferai un devoir de
publier en même-tems tout ce qui m'aura
été communiqué , au ſujet de ces diverſes expériences.

TABLE
DES ARTICLES.

c

Fin de la Table des Articles.

AVIS AU LECTEUR

pour l'Ordre des Planches.

La Planche I a rapport à l'expérience faite au Champ-de-Mars, & son explication est à la page 7.

La Planche II a rapport à l'expérience faite en présence de MM. les Commissaires de l'académie royale des sciences, & son explication est à la page 33.

La Planche III a rapport à l'expérience faite à Versailles, & son explication est à la page 41. Cette Planche étant plus ornée que les autres, est placée à la tète de l'ouvrage.

La Planche IV a rapport à l'expérience où des hommes se sont élevés à la hauteur de 324 pieds, & son explication est à la page 173.

La Planche V est au bas de la planche II, & a rapport à la méthode graphique pour couper les fuseaux d'un Globe, pag. 296.

ERRATA.

Page 11 , *ligne* 22 , la Planche III , *lifez* , la
Planche I.

Page 15 , *ligne* 8 , l'on employa 1000 liv. pefant
de limaille de fer en poudre ou en copeaux,
& 498 liv. d'acide vitriolique , *ajoutez* - felon
le compte produit par MM. les frères Robert ,
& acquitté par eux. Il s'en falloit beaucoup
que cette quantité fût néceffaire ; mais il y a
eu de grands dégâts.

EXPÉRIENCE

FAITE

A ANNONAY EN VIVARAIS,

LE 5 JUIN 1783,

PAR MM. DE MONTGOLFIER.

MESSIEURS Etienne & Joseph de Montgolfier, propriétaires d'une des belles manufactures de papier à Annonay en Vivarais,
nés avec le goût des connoissances utiles, &
doués d'un génie observateur, employoient
leur loisir à l'étude de la physique; après avoir
médité long-tems sur l'ascension des vapeurs
dans l'atmosphère, où elles se réunissent pour
former des nuages qui, malgré leurs masses
& leur pesanteur, se soutiennent non-seule-

A

ment à de grandes hauteurs , mais encore flottent & voyagent au gré des vents , ils entrevirent la poſſibilité d'imiter la Nature dans une de ſes plus grandes & de ſes plus majeſtueuſes opérations.

Ils conçurent dès-lors l'idée hardie de former , à l'aide d'une vaſte enveloppe & d'une vapeur légère , une eſpèce de nuage factice que la ſeule peſanteur de l'air atmoſphérique forceroit de s'élever juſqu'à la région où les orages & les tempêtes prennent naiſſance. L'idée ſeule de ce projet ſuppoſe néceſſairement du génie , ſon exécution du courage , & une tête organiſée de manière à trouver des reſſources pour parer à la multitude d'obſtacles qui devoient environner une entrepriſe de cette eſpèce.

Il y a loin ſans doute d'une expérience de cabinet , quelque délicate & quelque ingénieuſe qu'elle puiſſe être , à celle où il faut que l'homme combine des moyens pour imiter la Nature dans une opération qui n'avoit encore été tentée par perſonne ; car tout ce qui avoit été fait juſqu'alors pour s'élever dans l'air, n'étant fondé que ſur de faux calculs , ou

fur des pratiques chimériques , n'avoit abouti
qu'à jeter un ridicule mérité fur ceux qui s'obf-
tinoient à prendre la route la plus oppofée au
véritable but.

Meffieurs de Montgolfier , dirigés par de
meilleurs principes, après avoir profondément
réfléchi fur le projet qui les occupoit , après
s'être familiarifés avec cette grande idée ,
après avoir enfin réuni les moyens de fon exécution , oférent faire leur premier effai dans
une ville où toutes les reffources de l'art fembloient leur manquer.

Le jeudi 5 Juin 1783 , l'Affemblée des
Etats particuliers de Vivarais fe trouvant à
Annonay , fut invitée par les Auteurs de
la Machine aéroftatique à affifter à l'expérience qu'ils fe propofoient de faire en
public.

Quelle fut la furprife des Députés , quelle
fut celle des fpectateurs , lorfqu'on vit fur la
place publique une efpéce de ballon de cent
dix pieds de circonférence , retenu par fon
pole inférieur fur un chaffis en bois de feize
pieds de furface ! Cette vafte enveloppe
& fon chaffis pefoient cinq cens livres ;

elle pouvoit contenir vingt – deux mille pieds cubes de vapeur. (1)

Quel fut l'étonnement général , lorsque les Inventeurs d'une telle machine annoncèrent qu'auffitôt qu'elle feroit pleine d'un gaz qu'ils avoient le moyen de produire à volonté par le procédé le plus fimple , elle s'enléveroit d'elle-même jufqu'aux nnes ! Il faut convenir alors que , malgré la confiance qu'on avoit aux lumières & à la fageffe

(1) Voici la note qui m'a été communiquée par M. de Montgolfier le jeune.

La Machine aéroftatique, dont l'expérience fut faite devant Meffieurs des Etats particuliers de Vivarais, le jeudi 5 Juin 1783, étoit conftruite en toile doublée de papier, coufue fur un réfeau de ficelle fixé aux toiles. Elle étoit à-peu-près de forme fphérique, & fa circonférence étoit de cent dix pieds ; un châffis en bois de feize pieds en quarré, la tenoit fixée par le bas. Sa capacité étoit d'environ 22000 pieds cubes ; elle déplaçoit donc, en fuppofant la pefanteur moyenne de l'air, comme $\frac{1}{11}$ de la pefanteur de l'eau, une maffe d'air de 1980 livres.

La pefanteur du gaz étoit à-peu-près moitié de celle de l'air, car il pefoit 990 livres ; & la Machine pefoit avec le châffis 500 livres. Il reftoit donc

de Messieurs de Montgolfier , cette expérience paroissoit si incroyable à ceux qui
alloient en être les témoins , que les personnes les plus instruites, celles même qui
étoient le plus favorablement prévenues ,
doutoient presque sans balancer , de son
succès.

Enfin , Messieurs de Montgolfier mettent la

490 livres de rupture d'équilibre , ce qui s'est
trouvé conforme à l'expérience. Les différentes pièces de la Machine étoient assemblées par de simples
boutonnieres arrêtées par des boutons ; deux hommes suffirent pour la monter & pour la remplir de
gaz , mais il en fallut huit pour la retenir , & qui
ne l'abandonnerent qu'au signal donné : elle s'éleva
par un mouvement accéléré , mais moins rapide sur
la fin de son ascension , jusqu'à la hauteur d'environ 1000 toises. Un vent à peine sensible vers la
surface de la terre , la porta à 1200 toises de distance
du point de son départ. Elle resta dix minutes en
l'air ; la déperdition du gaz par les boutonnières,
par les trous d'aiguilles & autres imperfections de
la Machine, ne lui permit pas d'y rester davantage.
Le vent, au moment de l'expérience, étoit au
midi, & il pleuvoit; la Machine descendit si légérement qu'elle ne brisa ni les ceps , ni les échalas de
la vigne, sur lesquels elle se reposa.

A iij

main à l'œuvre , ils procédent au développement des vapeurs qui devoient produire le
phénomène ; la Machine qui ne préfentoit
alors qu'une enveloppe de toile doublée en
papier , qu'une efpèce de fac gigantefque de
trente-cinq pieds de hauteur , déprimé , plein
de plis & vide d'air , fe gonfle , groffit à vue
d'œil , prend de la confiftance , adopte une
belle forme , fe tend dans tous les points ,
fait effort pour s'enlever : des bras vigoureux
la retiennent , le fignal eft donné , elle part &
s'élance avec rapidité dans l'air , où le mouvement accéléré la porte en moins de dix minutes à mille toifes d'élévation.

Elle décrit alors une ligne horizontale de
fept mille deux cens pieds , & comme elle
perdoit confidérablement de fon gaz , elle
defcendit lentement à cette diftance , & elle
fe feroit fans doute foutenue bien plus long-
tems en l'air , fi l'on avoit eu la facilité de
porter dans fon exécution la folidité & l'exactitude qu'elle exigeoit ; mais le but étoit
rempli, & cette première tentative, couronnée
d'un auffi heureux fuccès , mérite à jamais à
Meffieurs de Montgolfier la gloire d'une des
plus étonnantes découvertes.

Pour peu qu'on veuille réfléchir fur les difficultés fans nombre que préfentoit une expérience auffi hardie , fur la critique amère à laquelle elle expofoit fes Auteurs , fi elle eût manqué par quelque accident , fur les dépenfes qu'elle a entraînées , l'on ne peut s'empêcher d'avoir la plus grande admiration pour les Auteurs de la Machine aéroftatique.

EXPÉRIENCE

FAITE à Paris au Champ de Mars , le 27 Août 1783 , à cinq heures du foir , avec un Ballon de taffetas enduit de gomme élaftique , plein d'air inflammable , tiré du fer.

LEs détails de la belle expérience de Meffieurs de Montgolfier ne furent pas plutôt connus à Paris, que les Amateurs de la phyfique s'occupèrent, fans perdre un moment , du projet de la répéter. Le procès-verbal dreffé par les Etats particuliers de Vivarais , ainfi

que les lettres venues d'Annonay, ne faisoient
pas mention de l'espèce de gaz qui avoit été
employé ; on savoit simplement que la vapeur
dont ces Messieurs s'étoient servis, étoit une
fois plus légère que l'air atmosphérique ; les
Physiciens n'eurent donc pas de peine à comprendre qu'il s'agissoit d'un gaz différent de
l'air inflammable qui est dix fois plus léger que
l'air ordinaire ; & l'on conçut très-bien que
ce n'étoit pas par ignorance que les Auteurs
de la Machine n'avoient pas fait usage de l'air
tiré du fer ; car l'on sait qu'ils sont versés dans
la chimie & dans la physique ; mais ils avoient
été arrêtés par les difficultés de se procurer
quarante mille pieds cubes d'air inflammable
dans une ville destituée de toute ressource
à cet égard : leur procédé étoit d'ailleurs
beaucoup plus simple & bien moins dispen--
dieux : mais il étoit encore inconnu. Il fallut
donc avoir recours à d'autres moyens.

La légèreté de l'air inflammable étoit faite
pour séduire ; mais comment oser tenter une
expérience en grand dans ce genre ? dans quoi
retenir une vapeur aussi subtile ? L'on ne fut
pas long-tems à se décider ; le taffetas enduit

de gomme élastique de M. Bernard , étoit connu , il en existoit des magasins à Paris. D'autres Artistes qui avoient cherché à l'imiter , vendoient des taffetas vernis au succin , à la gomme copale , à l'encoustique , &c. Enfin les moyens ne manquoient pas de ce côté-là. L'on se décida pour le taffetas enduit de gomme élastique ; & l'on borna le diamètre de la Machine à douze pieds environ , tant à cause du prix de l'enveloppe , que de la cherté de l'air inflammable , & des difficultés qu'il y avoit à s'en procurer promptement une grande quantité.

La chose ainsi arrêtée, l'on ouvre une souscription : le projet de cette expérience ayant couru de bouche en bouche , chacun en est frappé , & tous s'empressent de venir se faire inscrire. Bientôt les noms les plus illustres décorent le tableau de cette *premiere souscription nationale* ; elle mérite ce nom , rien n'avoit été écrit , rien n'avoit été annoncé dans aucun papier public , & tout le monde accouroit en foule pour contribuer à cette curieuse expérience.

Enfin le 23 Août , la Machine étant fabri-

quée, sa forme offrit celle d'un globe de
douze pieds deux pouces de diamètre ; l'exécution en parut belle & régulière ; l'on s'occupa du soin de fixer la sphere dans une espece
de harnois destiné à la suspendre ; là , elle fut
déprimée , & l'air atmosphérique étant en-
tierement sorti , le robinet par où on le forçoit
de s'échapper fut promptement fermé : la
Machine , en cet état, ne ressembloit plus
qu'à une espece de sac plein de plis & vide
d'air.

A huit heures du matin , l'on mit la main
à l'œuvre pour la remplir ; l'on y procéda d'a-
bord au moyen d'une grande boîte à tiroirs
doublés de plomb , surmontée d'un chapiteau
ou conduit supérieur qui s'adaptoit au robinet
adhérent au Ballon ; les tiroirs furent garnis
de limaille de fer & d'acide vitriolique , affoibli d'eau : en multipliant ainsi les surfaces , le
but étoit de se procurer une quantité considérable d'air inflammable ; mais cette espece
d'armoire que je décrirai plus au long , sujette à mille inconvéniens , & beaucoup trop
compliquée , fit perdre du tems & de l'air inflammable. Enfin , las de manœuvrer pres-

qu'infructueusement ce mauvais appareil, il fallut y renoncer ; il fut réformé à deux heures, & on y substitua un simple tonneau placé verticalement, dans lequel on jetoit, à l'aide d'une ouverture pratiquée sur son disque supérieur, une grande quantité de limaille de fer & d'acide vitriolique ; ce trou étoit rebouché subitement, & l'air inflammable se dégageant alors par grandes bouffées, passoit par une seconde ouverture placée à côté de la premiere, & qui communiquoit d'abord à l'aide d'un tube de fer-blanc, & ensuite d'un tuyau de cuir verni à la gomme élastique, avec le robinet adhérent à l'orifice du Ballon.

Le gaz s'introduisant dans le tube, montoit avec rapidité dans le Globe, & lorsque l'effervescence cessoit, le robinet étoit fermé ; de nouvelle limaille & de l'acide vitriolique étoient jetés par le trou qu'on débouchoit ; le gaz se dégageoit, le robinet s'ouvroit, & l'air inflammable s'engouffroit dans le Ballon. Voyez la Planche III, où cette manœuvre a été dessinée d'après nature par M. Lawrens, habile Peintre Suédois.

Quoique cette opération allât très-vite,

parce qu'elle étoit secondée par des Amateurs
pleins de zèle & d'intelligence , elle étoit
néanmoins encore sujette à quelques inconvéniens qui ne laissèrent pas de donner des inquiétudes : car l'acide vitriolique attaquant la
limaille de fer , produisoit un degré de chaleur si violent , qu'une partie de l'eau mélée à
cet acide étoit promptement réduite en vapeurs
rendues caustiques par l'action du gaz acide
sulfureux qui se dégageoit en même-tems.

Les vapeurs élevées avec le gaz inflammable jusqu'au faîte intérieur de la Machine , s'y
condensoient subitement, & couloient ensuite
le long du taffetas qu'elles auroient certainement corrodé sans la couche de gomme élastique.

Comme cette eau imprégnée d'acide se réu-
nissoit dans le bas de la Machine où elle formoit des espèces de bourrelets , l'on étoit
obligé d'intervalle en intervalle de la faire
écouler par le robinet , en secouant le
taffetas.

D'un autre côté , la chaleur qui partoit du
tonneau étoit si considérable qu'elle se communiquoit au tube de cuir & de là à la Machine ;
le robinet en étoit si échauffé qu'il étoit impos-

fible d'y tenir la main. L'on étoit donc obligé non - feulement de l'envelopper de linges mouillés , mais l'on étoit contraint , pour la confervation du Ballon , d'en arrofer fans cesse le taffetas avec de petites pompes qu'on dirigeoit contre fa partie inférieure , pour af-foiblir la chaleur qui étoit fi forte , que fans cette précaution , la Machine couroit le plus grand danger.

Ce premier essai fut très-pénible ; mais le réfultat en parut fatisfaifant , puifqu'à neuf heu-res du foir , le Ballon fut plein d'air au tiers. Quelques heures après, tout fut détruit par trop de précaution ; le robinet fut fermé avec foin ; mais un des Artistes ayant quelques inquiétu-des à ce fujet , alla malheureufement l'ouvrir en comptant de le fermer.

Le lendemain 24 l'on arriva avec empresse-ment dès la pointe du jour , pour fe remettre à l'œuvre , & l'on ne fut pas peu furpris de trouver le Ballon très-gonflé & prefque plein, tandis que la veille il étoit à peine rempli au tiers.

L'on ne put rien concevoir d'abord à cette augmentation , & l'étonnement ne cessa que lorfqu'on fe fut apperçu que le robinet , qui

avoit trois pouces de largeur, étoit ouvert.
Il parut cependant affez extraordinaire que
le Ballon eût afpiré une fi grande quantité
d'air atmofphérique. L'effai en fut fait fur-
le-champ avec le piftolet de Volta, & il y
eut explofion. La dofe d'air commun étoit donc
en proportion avec l'air inflammable comme
deux à un.

Cet accident ne laiffa pas que de décourager
un peu, car l'on avoit eu de grandes peines
la veille; mais enfin l'expérience étoit annon-
cée, & il falloit faire voir du moins aux Soufcripteurs, que rien n'avoit été négligé. Ce
qu'il y avoit de plus gênant encore, c'eft qu'il
n'étoit pas poffible d'employer des gens de
peine à manœuvrer la Machine; car elle ne
pouvoit être confiée qu'à des perfonnes intelligentes & adroites. Enfin, plufieurs Amateurs, portés de bonne volonté, vinrent fe
joindre aux autres. Le zéle & l'émulation
s'en mélèrent, & l'efpérance ranima tout.

Il eft à propos d'obferver, avant de continuer l'hiftorique de ces détails, que quoiqu'un
Ballon de 12 pieds 2 pouces de diamètre ne
foit pas d'une capacité bien confidérable en

apparence , il ne laiſſoit pas que d'être d'un volume remarquable , lorſqu'il s'agiſſoit de le remplir d'air inflammable ; & l'on en ſera convaincu , lorſqu'on ſaura que , pour faire la quantité de gaz néceſſaire , en y comprenant , à la vérité , ce qui s'étoit perdu la veille , & ce qu'il en falloit pour remplir de nouveau & entretenir le Ballon , l'on employa 1000 livres peſant de limaille de fer en poudre ou en copeaux , & 498 livres d'acide vitriolique à 46 degrés de concentration. Les perſonnes exercées dans l'art des expériences , comprendront très-bien que celle-ci ne devoit pas être ſans difficultés , ni ſans danger , puiſqu'il s'agiſſoit de manier une auſſi grande quantité d'acide concentré, & de développer autant d'air inflammable , ſi fétide & ſi fatigant à reſpirer.

Toute la journée du 24 fut employée à produire de l'air inflammable , à rafraîchir le Ballon , & à le préſerver d'accident ; mais les coopérateurs furent bien dédommagés de leurs peines , lorſqu'ils apperçurent qu'il tendoit à s'élever avec effort, à ſix heures du ſoir, quoiqu'il ne fût rempli qu'à demi. Le courage redoubla, l'enthousiasme s'en mêla ; l'on vit dès-lors le succès de l'expérience ; à sept heures , le Globe faisoit effort contre les liens qui le retenoient. L'on prit les précautions les plus sûres, pour qu'il n'arrivât aucun accident pendant la nuit ; le robinet fut soigneusement fermé , la clef fut emportée , & chacun se retira content.

L'on juge que le lendemain 25 , ce fut à qui arriveroit le premier pour rendre visite à la Machine. Elle fut reconnue être dans le meilleur état ; l'on y introduisit du gaz pour réparer les pertes inévitables qui s'étoient faites pendant la nuit , soit par des pores imperceptibles , soit par des trous d'aiguilles que la gomme élastique n'avoit pas entièrement bouchés. On la pesa à six heures du matin , après l'avoir débarrassée de ses attaches ; & quoiqu'elle ne fût pleine environ qu'à demi , elle enlevoit vingt - une livres : comme le jour fixé pour l'expérience publique étoit indiqué au 27 , on ne voulut pas la remplir davantage , crainte de la fatiguer. Pesée de nouveau à neuf heures du soir , elle n'enlevoit plus que dix-huit livres ; elle avoit

donc

donc perdu dans quinze heures trois livres de poids ; c'eſt-à-dire, que l'équilibre en moins étoit rompu de trois livres.

Le 26, le Globe fut viſité à la pointe du jour, & fut trouvé en très-bon état ; il avoit perdu de l'air inflammable à-peu-près dans les mêmes proportions que la veille. On ſe remit au travail pour augmenter le gaz ; & dès huit heures du matin, on ſortit le Ballon de ſon harnois, on l'attacha à de petites cordes, & on eut le plaiſir de le voir s'élever à plus de 100 pieds.

Une nombreuſe populace accourut auſſitôt de toute part ; la Place des Victoires fut couverte de monde, & la ſurpriſe des perſonnes qui n'étoient pas prévenues, fut extrême, en voyant dans les airs un corps de ce diamètre. Mais le vent qui ſurvint, pouvant le fatiguer, on le retira pour le remettre à ſa première place, dans la cour où étoit ſon établiſſement ; & il eut ce jour-là une ſi grande quantité de viſites, qu'une garde du Guet à pied & à cheval, établie à la porte, ne put jamais retenir l'affluence du monde, & qu'il fallut ſe déterminer à laiſſer les portes ouvertes, pour satisfaire la curiosité & l'empreffement du Public.

Comme le Ballon devoit paffer par la porte cochère, on avoit eu l'attention de ne pas achever de le remplir dans la journée ; ce n'étoit certainement pas un petit embarras que cette fortie de la cour. L'on avoit eu d'abord le projet de le faire paffer par-deffus la maifon , en le retenant avec une corde & le laiffant s'élever de lui-même , pour le retirer enfuite par la Place des Victoires. Mais comme cette opération devoit fe faire pendant la nuit , afin de n'être pas gêné par un Public toujours importun , & qu'il étoit auffi difficile que périlleux d'agir dans les ténèbres avec une Machine de cette efpèce , il fallut fe déterminer à la faire paffer par la porte cochère , en la confiant à des mains habiles , qui devoient la diriger avec prudence.

L'on expédia d'abord pour le Champ de Mars l'attirail & tous les acceffoires néceffaires à l'expérience ; à deux heures après minuit, le Ballon fut dégagé de fes liens ; des perfonnes intelligentes le tranfportèrent jufqu'à la porte : & comme il n'étoit pas plein , on

eut la facilité de le comprimer & de lui faire
adopter une forme allongée, qui lui permit
d'arriver fur la Place des Victoires fans le
plus léger accident. Il fut dépofé fur un bran-
card prêt à le recevoir, & difpofé pour cet
objet. Les mêmes lifières qui le tenoient fufpendu dans la cour, le rendirent ftable, &
il entra en marche.

Rien de fi fingulier que de voir ce Ballon
ainfi porté, précédé de torches allumées,
entouré d'un cortège, & efcorté par un
détachement du Guet à pied & à cheval.
Cette marche nocturne, la forme & la capacité du corps qu'on portoit avec tant de
pompe & de précaution ; le filence qui régnoit, l'heure indue, tout tendoit à répandre fur cette opération une fingularité & un
myftère véritablement faits pour en impofer
à tous ceux qui n'auroient pas été prévenus.
Auffi les Cochers de fiacre qui fe trouvèrent
fur la route, en furent fi frappés, que leur
premier mouvement fut d'arrêter leurs voitures, & de fe profterner humblement,
chapeau bas, pendant tout le tems qu'on
défiloit devant eux.

B ij

Enfin le Ballon arriva par les rues des *Petits-Champs*, de *Richelieu*, de *S. Nicaife*, par le *Caroufel* , le *Pont-Royal* , la rue de *Bourbon* & les *Invalides* , à l'Ecole Militaire , où il fut dépofé au milieu du Champ de Mars , dans une enceinte difpofée pour le recevoir. La courfe qu'il venoit de faire n'étoit pas petite , car la Carte de Paris donne 1700 toifes depuis la partie de la Place des Victoires d'où il partit , jufqu'au point où il arriva.

Les lifières qui l'enveloppoient fervirent à le retenir en place , au moyen de petites cordes fixées vers le méridien du globe , & qui furent arrêtées dans des anneaux de fer plantés en terre.

Dès l'inftant où le jour parut , l'on s'occupa à faire de l'air inflammable pour remplir le Ballon. L'activité qu'on mit dans ce travail , fut telle , qu'à midi il étoit affez plein pour avoir une belle forme , & qu'il falloit peu de tems pour achever de le remplir ; mais l'on réfervoit au Public le refte de l'opération , pour lui donner une idée de la manière dont on produifoit le gaz.

Le Champ de Mars étoit garni de troupes ,
les avenues étoient gardées de tout côté ; les
ordres étoient donnés pour faciliter la marche
des voitures, & prévenir les accidens. A
trois heures, l'on vit le Champ de Mars se
couvrir de monde ; les carrosses arrivoient de
toute part , & bientôt ils ne purent aller qu'à
la file. Les bords de la rivière, le chemin de Versailles , l'amphithéâtre de Passy étoient garnis d'une foule immense de Spectateurs. L'Hôtel de l'Ecole Militaire & le Champ de Mars
renfermoient la plus superbe & la plus nombreuse assemblée. A cinq heures , un coup de
canon fut le signal qui annonça que l'expérience alloit commencer ; il servit en même-
tems d'avertissement pour les Savans placés
sur la terrasse du Garde - Meuble de la Couronne , sur les tours de Notre - Dame & à
l'Ecole Militaire , & qui devoient appliquer
les instrumens & les calculs à leur observation. Le Globe , dépouillé des liens qui le retenoient , s'éleva , à la grande surprise des
Spectateurs , avec une telle vitesse , qu'il fut
porté en deux minutes à 488 toises de hauteur ; là , il trouva un nuage obscur dans le

quel il se perdit ; un second coup de canon
annonça sa disparition , mais on le vit bientôt percer la nue , reparoître un instant à une
très-grande élévation , & s'éclipser dans d'autres nuages.

La pluie violente qui survint au moment
où le Globe s'élevoit , ne l'empêcha pas de
monter avec une extrême rapidité ; & l'expérience eut le plus grand succès , elle étonna
tout le monde. L'idée qu'un corps parti de
terre , voyageoit dans l'espace , avoit quelque chose de si admirable & de si sublime, elle
paroissoit si fort s'écarter des loix ordinaires ,
que tous les Spectateurs ne purent se défendre
d'une impression qui tenoit de l'enthousiasme.
La satisfaction étoit si grande , que les Dames,
élégamment vêtues , les yeux dirigés sur le
Globe , recevoient la pluie la plus forte & la
plus abondante, sans se déranger, s'occupant beaucoup plus alors de voir un fait aussi
surprenant , que du soin de se garantir de
l'orage.

Le Globe avoit 12 pieds 2 pouces de diamètre ; sa circonférence exacte étoit donc de

58 pieds 3 pouces 8 lignes ; sa capacité intérieure de 943 pieds 6 lignes cubes ; le poids
du taffetas & du robinet , de 25 livres ; & la
force d'ascension , lorsqu'il s'est élevé , de 35
livres.

L'on eut tort , dans cette expérience , d'introduire de l'air atmosphérique dans le Globe ,
pour achever de le remplir & lui donner une
forme bien arrondie ; cet air ne pouvoit qu'occasionner une pression nuisible à l'enveloppe :
mais on en eut un bien plus grand encore d'y
faire passer trop d'air inflammable , ce qui
augmenta de beaucoup le degré de force expansive. Cet air lui donnoit la facilité de réa-
gir avec violence contre les parois du Ballon ,
lorsqu'il seroit parvenu à une région où l'air
atmosphérique seroit moins dense. Mais il
n'est pas étonnant que , dans une première expérience de cette nature , on n'ait pas tout
prévu ; l'on sait d'ailleurs qu'une circonstance
qu'il est inutile de rappeller ici , empêcha les
personnes qui avoient prévu cette faute , &
qui avoient recommandé de l'éviter , d'être
entendues. Quoi qu'il en soit , le Ballon ne se

foutint tout au plus que trois quarts - d'heure en l'air , & tomba à cinq heures trois quarts, à côté de la remife d'Ecouen , ayant une ouverture fur fa partie fupérieure. Il fut ramaffé par des Payfans de Goneffe , qui le traînèrent à travers les champs pendant un mille , & le mirent dans le plus mauvais état. L'on compte environ cinq lieues du point de fon départ à celui de fa chûte, c'eft-à-dire, du Champ de Mars, à Ecouen.

L'expérience n'en fut pas moins intéreffante , & la première qui ait été faite en ce genre. *MM. Robert* , Mécaniciens , avoient été chargés de conftruire le Globe, & *M. Charles* , Profeffeur de Phyfique , du foin de veiller à leurs travaux.

EXPÉRIENCES
AÉROSTATIQUES,
FAITES
AVEC DE PETITS BALLONS.

M. de Montgolfier le jeune étant arrivé à Paris quelque tems avant l'expérience du Champ de Mars, & ayant été invité par l'Académie Royale des Sciences à répéter celle d'Annonay, s'occupa à faire conftruire une Machine de 70 pieds de hauteur, fur 40 de diamètre. Il fallut du tems pour exécuter un Ballon de ce volume.

Dans cet intervalle, les Amateurs de la phyfique s'exercèrent à faire diverfes expériences en petit, d'après celle du champ de Mars : car, quoique M. de Montgolfier fût bien éloigné fans doute de faire un myftère de fon procédé, il s'étoit réfervé de ne le déclarer qu'à la première expérience qu'il feroit lui - même ; & perfonne ne pouvoit défapprouver fa conduite à ce fujet.

L'on essaya d'abord de faire des Ballons en papier fin & léger ; mais cette matière étant perméable à l'air inflammable , personne ne put réuffir à enlever des Ballons de cette espèce. Il fallut donc chercher une matière moins poreuse & plus légère encore , s'il étoit possible ; & l'on y réuffit.

Le Journal de Paris , du 11 Septembre , apprit au Public , que M. le baron de Beaumanoir , qui cultive avec autant de succès que de zèle les sciences & les beaux-arts , devoit faire partir un Ballon de 18 pouces de diamètre (1). A midi de ce même jour ,

(1) Voici la lettre de M. le baron de Beaumanoir, telle qu'elle est imprimée dans le Journal de Paris. " Messieurs , je viens d'exécuter , aujour-
» d'hui 10 Septembre, un *minimum* de la Machine
» aéroftatique de MM. de Montgolfier , par l'enlé-
» vement d'un Ballon d'un pied & demi de dia-
» mètre , & qui ne pefoit que cinq gros trois
» quarts; il a déplacé un volume d'air de vingt-un
» gros , & s'est élevé par conféquent avec une
» force de douze gros, en fuppofant l'air inflam-
» mable à trois gros un quart. Je vous prie de me
» permettre de prendre date dans votre Journal
» pour une expérience que les Amateurs pourront

il fit cette expérience en présence d'une nombreuse assemblée, dans le jardin qui fait face à l'hôtel de Surgeres, *rue de la Ville l'Evêque*. Comme M. de Beaumanoir vouloit répéter l'expérience le soir, il n'abandonna pas le Ballon qui s'éleva très-bien, mais qui fut retenu par un fil de soie qui ne lui permit guère de monter au-delà de 50 pieds. A cinq heures du soir du même jour, ce petit Globe fut rempli de nouvel air inflammable, & fut abandonné à lui-même. Les Spectateurs eurent le plaisir de le voir s'élever à une très-grande hauteur ; il disparut ensuite en prenant la route de Neuilly, & l'on assure qu'il fut retrouvé à plusieurs lieues par des Paysans.

Quoique cette expérience pût être regardée en rigueur comme un objet de pure curiosité, elle ne laissa pas que d'intéresser les personnes qui se proposoient de faire des

» venir voir aujourd'hui jeudi à l'hôtel de Surge-
» res, rue de la Ville-l'Evêque, à onze heures
» précises du matin ".

J'ai l'honneur d'être &c. Le Baron DE BEAU-
MANOIR.

recherches pratiques fur les gaz. Celle - ci nous donnoit un fait de plus & une application en petit, qui pouvoit fervir d'échelle & d'objet de comparaifon. Ce n'étoit pas abfolument le *minimum*, mais l'on étoit fur la voie de le trouver. Je fais, à la vérité, qu'en connoiffant le poids des matières qu'on vouloit employer, le calcul conduifoit au même but ; mais l'expérience frappe beaucoup plus que la théorie, & elle fixe plus irrévocablement les idées. D'ailleurs il falloit trouver la matière légère qu'on vouloit employer ; & fans cette expérience, on n'y feroit certainement jamais parvenu.

La matière qu'employa M. le baron de Beaumanoir, étoit une fubftance animale, connue dans l'art du Batteur d'or fous le nom de *peau de baudruche*. C'eft entre des livrets de cette peau, d'une légèreté & d'une foupleffe extrême, qu'on parvient à réduire l'or en feuillets fi minces, qu'ils peuvent fe foutenir & flotter affez long-tems dans l'air.

La *baudruche* n'eft que la pellicule intérieure qui tapiffe le gros boyau du bœuf : on détache cette légère enveloppe, qu'on étend toute fraîche fur des planches , pour avoir la facilité d'enlever avec délicateffe les parties graffes & filandreufes qui la rendroient inégale ; on la laiffe fécher en cet état , & on lui donne d'autres préparations pour l'adoucir & la rendre propre au genre d'emploi auquel on la deftine.

Lorfque cette peau a paffé plufieurs fois fous le marteau du Batteur d'or , l'on en fait ufage pour les coupures , & elle produit le même effet que le taffetas d'Angleterre ; c'eft-à-dire , qu'elle intercepte très - bien l'action de l'air : elle eft connue alors fous le nom de *peau divine*.

M. Defchamps de Neufchâteau , peintre , demeurant dans la Cour du Commerce , eut le premier l'idée d'employer cette matière : il en porta des échantillons à M. le baron de Beaumanoir , qui en reconnut l'avantage , & exécuta fur-le-champ le premier Ballon fait en ce genre (1). Le même Peintre en

(1) M. Cavallo , à Londres , ne pouvant pas faire enlever des Ballons de papier , avoit eu en 1781 , l'idée d'employer la même matiere que M. Def-

fit bientôt de plusieurs grandeurs ; & il parª
vint à leur donner la forme sphérique ou
ovale la plus parfaite.

Peu de jours après, plusieurs personnes
cherchèrent à imiter les Ballons de M. Deschamps , & elles y parvinrent. M. Gardeux ,
sculpteur , m'en apporta un de sept pouces de
diamètre ; je le fis enlever dans le Jardin du
Palais Royal , & il partit très-bien.

Enfin , M. Deschamps voulant renchérir
sur ceux qui imitoient ses Ballons, en fit un de
six pouces de diamètre, de la plus jolie forme.
Il voulut bien m'en faire le sacrifice , &
me pria de le mettre en expérience ; je le
remplis d'air inflammable tiré du zinc par
l'acide marin , en présence de M. le chevalier de Lorimier , de M. Mogué de Querville ,
de M. le comte de Baruel & de plusieurs autres personnes qui se trouvoient dans ce mo-

champs , mais il ne fit aucun essai à ce sujet. Croi-
roit-on que deux siecles auparavant, Jules-Céfar
Scaliger proposoit , pour imiter la Colombe volante
d'Architas , de faire usage d'une enveloppe de la
même peau des Batteurs d'or ? *Scaliger de subti-
litate ad Cardanum , exercit.* 326.

ment chez moi. Le petit Ballon s'éleva très-
bien, & alla se fixer contre le plancher de
mon appartement qui a douze pieds de hauteur. Il se seroit élevé à perte de vue, si j'a-
vois voulu l'abandonner en plein air, mais
j'étois bien-aise de le conserver pour d'autres expériences.

Si ce Ballon qui avoit douze pouces de diamètre de moins que celui de M. le baron de
Beaumanoir, n'est pas le *minimum*, il en
est certainement très-près; car, si l'on n'a-
voit pas pris les plus grandes précautions
pour le remplir, il ne seroit certainement
pas parti, cette matière prenant l'humidité
de l'air, & sa force d'ascension n'étant que
de dix grains (1).

(1) Ce Ballon, fait avec un soin extrême, avoit six
pouces de diamètre; il ne pesoit que . . . 36 grains.
L'air atmosphérique qu'il déplaçoit étoit de 51.

Son solide étoit de 113 pouces $\frac{3}{4}$ cubes,
dont 1728 font le pied cube d'air atmosphérique qui pèse 780 grains environ.

L'air inflammable tiré du zinc, étant $\frac{1}{12}$,
pesoit dans le Ballon 5
Poids du Ballon 36
La force d'ascension étoit donc de . . 10
Poids total, 51 grains.

Bientôt les Ballons aéroftatiques en peau de baudruche devinrent à la mode , & il ne fe paffa pas de jour que l'on n'en enlevât plufieurs , foit à la ville , foit à la campagne. L'on en fit même de 30 pouces de diamètre. Mais cette matière eft fort chère , & fujette à divers inconvéniens; car elle reçoit l'humidité , ce qui augmente fon poids ; & elle ne retient pas long-tems l'air inflammable , qui s'échappe bientôt par des pores invifibles à l'œil , mais qui n'en exiftent pas moins dans le tiffu d'une membrane auffi délicate.

Mais fi l'on fait attention qu'il eft très-difficile de remplir parfaitement un tel Ballon , qu'il en faut lier l'ouverture avec du fil , & qu'il fe perd toujours de l'air dans cette manœuvre , l'on verra que la rupture d'équilibre étoit bien légère ; ainfi un Ballon de cette efpèce eft très-rapproché du véritable *minimum*.

EXPÉ-

EXPÉRIENCE

Faite avec un Ballon de 70 pieds de hauteur sur 40 de diamètre, dans le jardin de M. Reveillon, rue de Montreuil, fauxbourg S. Antoine, le 12 Septembre 1783, en présence de Messieurs les Commissaires de l'Académie Royale des Sciences.

LA Machine aéroftatique que M. de Montgolfier faifoit exécuter au fauxbourg S. Antoine, étoit en toile de canevas, doublée tant en dedans qu'en dehors d'un fort papier.

Sa coupe géométrique étoit formée ;

1°. Par un prifme de 24 pieds de hauteur :

2°. Par une pyramide de 27 pieds ½ qui devoit couronner le prifme ;

3°. Par un cône tronqué, de 18 pieds ½, deffiné à former la partie inférieure de la Machine.

Chacune de ces portions étoit compofée de 24 bandes ou méridiens, réunis & coufus enfemble.

C

En cet état, la Machine développée , pleine de gaz , & tendue dans tous les points , devoit affecter la forme d'un sphéroïde. La Planche II , dessinée d'après nature, en donne la figure la plus exacte.

La Machine étoit peinte en bleu d'azur , & représentoit une espèce de tente avec son pavillon , & ses ornemens en couleur d'or. Sa longueur totale étoit de 70 pieds , & son poids de 1000 livres. L'air qu'elle déplaçoit pouvoit être évalué à environ 4500 livres ; & la vapeur dont elle devoit être remplie , étant une fois plus légère que l'air commun , ne pesoit que 2250 livres : il y avoit donc un excès de légèreté de 1250 livres ; la Machine pouvoit donc enlever un poids de cette force.

L'approche de l'équinoxe ayant amené les pluies d'automne , les opérations relatives à cette expérience furent sans cesse contrariées. La Machine étoit d'un si grand volume , qu'il étoit impossible de l'assembler & de la coudre autre part qu'en plein air & dans le jardin spacieux où elle devoit être établie. C'étoit un très-grand embarras que de ployer cha-

que soit une enveloppe si lourde , & que les
forts papiers dont elle étoit couverte, rendoient
caffante ; auffi falloit-il ordinairement au moins
vingt hommes pour la remuer , & ils étoient
obligés d'ufer d'adreffe & de précaution pour
ne rien détruire. Jamais machine n'a donné
autant d'inquiétude ni d'embarras.

Il eft vrai que M. de Montgolfier n'auroit
pu trouver un lieu plus commode ni plus
agréable , & fur-tout un ami plus obligeant
que M. Reveillon , propriétaire de la manufacture royale de papiers peints , de la rue de
Montreuil. Les peines , le zèle & le définté-
reffement qu'il n'a ceffé de mettre dans tout
ce qui étoit relatif aux expériences de M. de
Montgolfier , lui ont fait un véritable honneur
dans l'efprit de tous ceux qui en ont été témoins. Les fciences font fi fouvent contrariées , qu'on ne fauroit trop avoir de recon-
noiffance pour ceux qui s'empreffent ainfi de
leur être utiles.

Cette Machine auroit pu fans doute être
conftruite d'une manière plus folide & moins
fujette à être endommagée , & M. de Montgolfier en convenoit lui-même ; mais divers

motifs l'avoient déterminé à ne pas la faire autrement. Le premier étoit relatif à l'expérience d'Annonay, où l'on avoit procédé avec une enveloppe ſemblable qui avoit parfaitement réuſſi, & il étoit de la prudence, pour avoir les mêmes réſultats, d'employer févérement la même méthode. Il falloit d'ailleurs s'occuper de la meilleure manière d'empêcher la vapeur de ſe diſſiper; & la double enveloppe de papier étoit alors ce qu'il y avoit de plus convenable pour cet objet.

Le ſecond motif ne pouvoit que faire honneur à la délicateſſe de M. de Montgolfier, car Meſſieurs de l'Académie Royale des Sciences, mieux en état que perſonne d'apprécier le mérite de cette découverte, & en ayant ſenti toute l'importance, avoient offert de payer les frais de cette Machine ſans les limiter, & cela ſuffiſoit pour que l'Auteur cherchât les moyens les plus économiques de diminuer la dépenſe.

Enfin le 11 du mois de Septembre, le tems paroiſſant ſe diſpoſer au beau, la Machine étant entiérement finie, fut miſe en place & diſpoſée pour faire les premières expériences. L'on en fit le ſoir même l'eſſai, l'on vit avec admiration cette belle Machine se remplir en neuf minutes , se redresser sur elle-même , se tendre dans tous les points , & prendre la plus belle forme. Huit hommes qui la retenoient , furent soulevés à plusieurs pieds , & elle se seroit enlevée à une grande hauteur , si on ne lui avoit pas opposé de nouvelles forces.

Messieurs les Commissaires de l'Académie des Sciences furent invités à assister le lendemain , à huit heures du matin , à l'expérience qui leur étoit consacrée , & qui eût été répétée plusieurs fois à leur volonté , si le mauvais tems n'avoit pas tout dérangé.

Le lendemain , vendredi 12 Septembre , Messieurs Cadet , l'abbé Bossut , Brisson , Lavoisier & Desmarest , Commissaires , étant arrivés , l'on vit avec inquiétude que des nuages épais se disposoient à couvrir l'horizon , & qu'on étoit menacé d'orage. Cependant le mauvais tems n'étoit pas décidé , il étoit possible que tout se passât sans pluie ; les préparatifs étoient faits. Une assemblée nombreuse & distinguée , brûloit du desir de voir cette belle expérience. L'on craignoit d'ailleurs qu'en différant encore , l'expérience fût rejetée trop loin ; tout l'appareil étoit en état , il eût fallu du tems pour le démonter : l'on se décida donc à remplir le Ballon.

Cinquante livres de paille séche qu'on alluma par paquets , & sur lesquelles on jeta à diverses reprises une dizaine de livres de laine hâchée , produisirent en dix minutes une vapeur si expansive & douée d'une telle force , que la Machine , malgré sa pesanteur , quoique déprimée & repliée sur elle-même , se redressa graduellement & comme par ondulation : son volume & sa capacité étonnerent les spectateurs ; & lorsqu'elle se fut développée en entier , & qu'elle tendit à s'enlever , la surprise & l'admiration redoublèrent.

La Machine perdit terre , & se soutint à plusieurs pieds avec une charge de cinq cent livres. Si l'on eût coupé dans ce moment les cordes qui la retenoient , elle alloit s'enlever à une très-grande hauteur. La pluie survint subitement ; alors le vent souffla avec impétuosité ; le plus sûr moyen de sauver la Machine , étoit de la laisser partir (1). Mais ,

____

(1) C'étoit l'avis de M. Argant , citoyen de Geneve , ami de MM. de Montgolfier , & savant physi.

comme elle étoit deſtinée à des expériences
qui devoient avoir lieu à Verſailles , on voulut ne pas l'abandonner , & les efforts qu'on
fit pour l'obliger à deſcendre , joints à des
coups de vent furieux & à la pluie qui l'inon-
doit , la déchirèrent en pluſieurs endroits.
Comme l'orage redoubla , & ſe ſoutint long-
tems , il fut abſolument impoſſible de la manœuvrer en cet état. Elle endura la pluie
pendant plus de vingt-quatre heures ; les papiers ſe décollèrent & tombèrent en lam-
beaux ; le canevas fut mis à découvert , &
cette belle & ſuperbe Machine , qui avoit
coûté tant de ſoins , fut détruite en très-
peu de tems.

Les Spectateurs , ſenſibles à ce fâcheux
événement , donnèrent à M. de Montgolfier
les marques les plus flatteuſes de l'intérêt
qu'ils prenoient à ſa découverte. Meſſieurs
les Commiſſaires de l'Académie s'empreſ-
ſèrent de lui remettre ſur – le – champ une

cien , à qui l'on doit pluſieurs découvertes impor-
tantes.

C iv

atteſtation , qui fait honneur à leur juſtice
& à leur manière de voir (1).

(1) Comme cette atteſtation conſtate l'aſcenſion
de la Machine avec les poids qu'elle portoit , &
qu'elle prouve que l'expérience n'a été dérangée
que par une force majeure , qui n'a diminué en
rien le mérite de la découverte , j'ai cru devoir la
conſigner ici :

" Meſſieurs les Commiſſaires de l'Académie
" Royale des Sciences ſe ſont tranſportés, aujour-
" d'hui 12 Septembre le matin, dans la Manufac-
" ture de papiers peints de M. Reveillon , rue de
" Montreuil , fauxbourg Saint Antoine , pour être
" témoins des effets de la Machine aéroſtatique de
" MM. de Montgolfier. Elle a été remplie en grande
" partie de gaz , & elle a perdu terre , chargée de
" quatre à cinq cent livres. Mais la pluie & le vent
" qui avoient commencé pendant la nuit , & qui
" ont été preſque continuels pendant toute la ma-
" tinée , n'ont pas permis de continuer l'expé-
" rience , & ont d'ailleurs tellement fatigué la
" Machine , qu'elle a beſoin de réparations eſſen-
" tielles. M. de Montgolfier eſtime qu'il faut plu-
" ſieurs jours pour la remettre en bon état , &
" qu'il eſt néceſſaire d'attendre , pour opérer, un
" tems calme & ſerein. A Paris , à la Manufacture
" de M. Reveillon , ce 12 Septembre 1783. *Signé*,
" CADET, BOSSUT, BRISSON, LAVOISIER &
" DESMAREST.

EXPÉRIENCE

FAITE à Versailles, le 19 Septembre 1783, en présence du Roi & de la Famille Royale, par M. de Montgolfier, avec une Machine aérostatique de 57 pieds de hauteur sur 41 de diamètre.

LE jour de l'expérience de Versailles étoit fixé au 19, mais la Machine qui devoit servir à la répéter, étoit absolument hors de service. M. de Montgolfier calcula les heures qui lui restoient ; ses amis se joignirent à lui (1), & le dimanche 14, on mit la main à un nouveau Ballon qu'on se détermina à construire entièrement en bonne toile. Rien ne fut épargné, l'on travailla nuit & jour ; & le jeudi 18, la Machine fut entièrement construite, peinte & décorée : le soir même on en fit l'essai en présence de Messieurs les

(1) Entr'autres, MM. Reveillon, Argand, Mogué de Querville, Quinquet, Lange, Meigner, &c.

Commiffaires de l'Académie qu'on eut l'attention d'y inviter , & elle réuffit très-bien.

L'on avoit été obligé d'employer près
d'un mois pour conftruire la Machine de
canevas doublée en papier ; celle en toile ,
en y travaillant avec un zèle & une activité qui n'ont pas d'exemple , fut terminée
le cinquième jour.

Le lendemain 19 , elle fut établie dans la
grande cour du château de Verfailles , fur
un théâtre octogone qui correfpondoit à l'attirail & aux cordages tendus pour la manœuvrer.

Cette efpèce d'échafaud , recouvert & entouré de toiles de toute part , avoit dans le
milieu une ouverture de plus de quinze pieds
de diamètre , autour de laquelle on pouvoit
circuler au moyen d'une banquette deftinée
à ceux qui faifoient le fervice de la Machine.
Une garde nombreufe décrivoit une double
enceinte autour de ce vafte théâtre.

Le dôme de la Machine étoit déprimé , &
portoit horizontalement fur la grande ouverture de l'échafaud à laquelle il fervoit de
voûte ; le refte des toiles étoit abattu , &

se replioit circulairement sur les banquettes;
de sorte qu'en cet état , la Machine n'avoit
aucune espèce d'apparence , & ressembloit
à un amas de toiles de couleur qu'on auroit
entassées sans ordre : il en régnoit cependant un très – grand dans la disposition &
la conduite de tout cet appareil.

Le dessous de l'échafaud étoit consacré
pour les opérations propres à produire la vapeur. C'étoit sous la grande ouverture , re-
couverte par le dôme de la Machine , que
devoit se faire ce travail. Au milieu & à
terre étoit un rechaud de fer à claire voie ,
de quatre pieds de hauteur , sur trois de
diamètre , fait pour recevoir les matières
combustibles. Un entourage en forte toile ,
peinte & de forme circulaire , adhérant à la
base du Ballon , & descendant par le trou
jusques sur le pavé , pouvoit être considéré
comme un vaste entonnoir , comme une
espèce de cheminée destinée à contenir les
vapeurs , & à les conduire dans l'intérieur
de la Machine; de sorte que les personnes
qui devoient diriger le feu , se trouvoient
placées par ce moyen sous le Ballon même ;

elles avoient à leur portée des proviſions de paille & de laine hâchée pour produire la vapeur , ainſi qu'une cage d'oſier avec un mouton , un coq & un canard , & tous les autres agrets néceſſaires pour l'expérience.

Je m'étends peut-être un peu trop ſur ces détails ; mais ils ſont trop inſtructifs pour être négligés. Ils démontrent d'ailleurs combien cette expérience exigeoit de ſoins & de combinaiſons. Il eſt vrai que M. de Montgolfier trouva toutes les facilités & tous les moyens qu'il pouvoit deſirer (1).

(1) M. le maréchal de Duras , gentilhomme de la Chambre , donna dans cette occaſion des preuves de l'intérêt qu'il prenoit à cette découverte ; & le zéle qu'il voulut bien y mettre , lui attira l'hommage & la reconnoiſſance des ſavans & des gens de lettres.

Meſſieurs les Intendans des Menus ſe prêtèrent de leur côté à ce qui pouvoit dépendre d'eux , pour que M. de Montgolfier fût ſervi ſelon ſes deſirs.

M. d'Ormeſſons , contrôleur-général des finances , eut ce jour-là chez lui M. de Montgolfier & la plupart des membres de l'Académie des Sciences.

Enfin , M. le marquis de Cubières , écuyer du Roi , qui cultive d'une manière ſi diſtinguée les

À dix heures du matin, la route de Paris à Verfailles étoit couverte de voitures; l'on arrivoit en foule de toutes parts : & à midi les avenues, les cours du château, les fenêtres & même les combles, étoient garnis de fpectateurs. Tout ce qu'il y a de plus grand, de plus illuftre & de plus favant dans la nation, fembloit s'être réuni comme de concert pour rendre un hommage folemnel aux fciences, fous les yeux d'une Cour augufte qui les protége & les encourage.

Ce fut dans ce moment & au milieu de ce concours immenfe de citoyens de tout état, que leurs Majeftés & la Famille Royale daignèrent fe tranfporter dans l'enceinte, & voulurent bien pénétrer jufques fous la Machine même pour en examiner les détails & fe faire rendre un compte exact de tous les préparatifs de cette belle expérience.

À une heure moins quatre minutes, le bruit d'une boîte annonce qu'on va remplir la

fciences & les beaux-arts, & qui a formé à Verfailles un cabinet d'hiftoire naturelle & de phyfique fi intéreffant, ne refta pas en arriere pour prouver qu'il favoit apprécier une découverte de cet ordre.

Machine ; on la voit presque aussitôt s'élever , se gonfler & déployer avec rapidité les
plis & replis dont elle est composée ; elle se
développe en entier , sa forme plaît à l'œil ,
sa capacité imposante étonne : elle atteint
déjà jusqu'au plus haut des mâts. Une autre
boîte avertit qu'elle est prête à partir , & à la
troisième décharge les cordes sont coupées , &
la Machine s'élève pompeusement dans l'air ,
entraînant avec elle l'attirail dans lequel
étoient renfermés un mouton & des volatiles.

La Machine s'éleva d'abord à une grande
hauteur , en décrivant une ligne inclinée à
l'horizon que le vent de sud la força de prendre ; elle parut rester ensuite quelques secondes en station , & produisit alors le plus bel
effet. Enfin elle descendit lentement dans le
bois de Vaucresson , à 1700 toises du point
d'où elle avoit été enlevée.

L'on ne resta que onze minutes pour la
remplir , & elle se soutint huit minutes en
l'air.

Dans l'expérience d'Annonay , la Machine
dont MM. de Montgolfier firent usage , s'é-
leva à une plus grande hauteur , puisqu'elle

parvint au moins à mille toises ; cependant elle n'étoit pas à beaucoup près d'une construction aussi régulière : il y eut donc une cause qui s'opposa à l'ascension de celle-ci. Elle offrit à la vérité un superbe spectacle, mais elle ne parvint qu'à 240 toises de hauteur.

Cette cause qui ne fut connue que de quelques personnes placées très-près de la Machine, ne fut pas ignorée de ceux qui la manœuvroient. Le coup de vent qui frappa sur le Ballon, dans le moment où il présentoit à l'air une si vaste surface, obligea tous ceux qui étoient chargés d'en faire le service, de le retenir avec effort ; cette force jointe à celle du vent & à la tendance qu'avoit la Machine à s'enlever, occasionnèrent deux déchirures de sept pieds d'ouverture sur son sommet & dans la partie où les toiles avoient été cousues dans un mauvais sens. Il n'étoit plus tems de parer à cet accident, dans une expérience qui ne pouvoit souffrir aucun retard ; l'on eut attention de développer seulement alors une plus grande masse de vapeurs, & la Machine n'en partit pas moins avec rapidité, fans être dérangée en rien par le poids qu'elle entraînoit.

Les deux ouvertures fupérieures occafionnant l'évaporation du gaz, la force d'afcenfion dut néceffairement s'affoiblir par le mélange de l'air atmofphérique ; il en réfulta pendant quelques momens un équilibre parfait, & la Machine qui ne montoit ni ne defcendoit alors, fut très-belle à voir, & fit, dans cet état de ftation, le plus grand plaifir aux fpectateurs ; mais à mefure que la vapeur fe diffipoit, le Ballon defcendoit lentement du côté du bois de *Vaucreffon*, & d'une manière fi tranquille, que l'on comprit alors que, fi elle eût porté des hommes, ils n'auroient couru aucun danger.

Je me rendis prefque auffitôt fur les lieux, avec M. l'abbé d'Efpagnac, M. le chevalier de Lorimier, M. Brongniart, &c. M. Pilatre de Rofier nous précédoit de quelques pas. Nous vimes le Ballon fur la partie du bois de *Vaucreffon*, nommée le *Carrefour-maréchal*, où il étoit développé fur la pelouze ; un feul de fes côtés portoit fur un petit chêne dont il faifoit à peine ployer les branches.

Deux

Deux Gardes-chasse , qui se trouvèrent à
dix pas du lieu où il étoit tombé , nous assurèrent qu'il étoit descendu avec une lenteur sur-
prenante , en se repliant doucement sur lui-
même , & nous dirent , qu'un instant avant
que le Ballon eût touché terre , il passa au-
dessus d'une grande meule de bois , qu'ils
nous firent voir ; & que comme la corde
qui tenoit la cage suspendue étoit très-longue,
elle toucha contre les bois & se rompit , sans
que la cage , le mouton & les autres animaux
en éprouvassent le moindre dérangement. Il
faut donc absolument rejetter le récit qui an—
nonça que le coq s'étoit rompu la tête ; nous
le trouvâmes en bon état , & s'il avoit le dessus de l'aile droite écorché , cet accident n'é-
toit dû qu'à un coup de pied du mouton , &
étoit arrivé en présence de plus de dix témoins , au moins demi-heure avant l'expérience.

Il est fâcheux de voir les papiers publics annoncer ainsi des faits sans preuve , & qui dans
des cas pareils devroient être toujours garan-
tis par la signature de ceux qui les envoient.
L'on a aussi assuré dans plusieurs gazettes &

D

journaux , que la Machine de M. de Montgolfier avoit été remplie avec de l'air inflammable , tandis que les procédés qu'on a employés , ont consisté simplement à faire usage
de paille séche allumée , & de quelques livres
de laine hachée. Je parlerai plus particulière-
ment de cette vapeur.

Tout ce qui a été dit jusqu'à présent sur le
point de son élévation , & sur l'espace qu'elle
a parcouru , n'est pas plus exact. La vraie
distance selon la carte de l'Académie , du
point du départ au bois de *Vaucresson* , *carrefour-maréchal* , est de 1700 toises. Quant à
la hauteur, deux habiles Astronomes s'en sont
occupés , en se plaçant à l'Observatoire de
Paris. M. le Gentil a fixé cette hauteur à 280
toises au-dessus du second étage de l'Observatoire royal ; & M. Jeaurat , 293 au-dessus du
rez-de-chaussée du même Observatoire (1).

(1) Voici la lettre que M. le Gentil adresse à ce
sujet aux Auteurs du Journal de Paris.
A l'Observatoire , ce samedi matin 20 Sept. 1783.
" MONSIEUR , je suis resté hier à l'Observatoire
„ royal , d'où j'ai observé le Ballon fort à mon
„ aise , à mon quart de cercle de 3 pieds de rayon,

La Planche I, deſſinée d'après nature ,
avec autant d'eſprit que de vérité , par M. le
chevalier de Lorimier , chevau - léger , &c

» le même dont je me ſers pour toutes mes obſerva-
» tions aſtronomiques. Je l'avois mis dans la tour
» occidentale au ſecond étage ; je plaçai la lunette
» de cet inſtrument dans un azimut de 87 degrés ,
» au ſud du clocher du *Mont-Valérien*. J'ai apperçu
» le Ballon s'élevant au deſſus de l'horizon , d'abord
» à la vue , enſuite dans la lunette , & conſéquem-
» ment au point de l'horizon où je l'attendois.

» Il s'eſt élevé aſſez vite , car du moment où j'ai
» commencé à le voir , à celui où il m'a paru ceſſer
» de monter , il ne s'eſt écoulé que 2′ 20″ à ma
» montre : il eſt reſté un peu de tems , du moins
» à mon égard , ſans monter ni deſcendre. Or ,
» j'ai trouvé la hauteur de ſon bord d'en haut
» de 1ᵈ 55′ 35″.

» Lorſque le Ballon a diſparu ſous l'horizon par rap-
» port à moi , la lunette de mon quart de cercle
» répondoit à un azimut qui faiſoit un angle de
» 25 degrés un quart avec le clocher du *Mont-*
» *Valérien* , à l'oueſt de ce clocher.

» D'après ces obſervations , je conclus que le
» Ballon ne s'eſt pas élevé à plus de 280 toiſes au-
» deſſus du ſecond étage de l'Obſervatoire royal ;
» mais comme le côté de Verſailles eſt élevé d'une
» quantité que je ſuppoſe être d'environ 40 toiſes

gravée par M. de Launay , repréſente le mo‑
ment où le Ballon plein d'air s'élève.

Sa hauteur exacte d'une extrêmité à l'autre
étoit de . . . . 57 pieds.
Son diamètre de 41
Il pouvoit contenir . . . . . . 37500 pieds cub.
L'air déplacé peſoit . . . . . 3192 livres ,
en ſuppoſant le poids de l'air de 784 grains le
pied cube. Mais le gaz de M. de Montgolfier

,, au-deſſus du ſecond étage de l'Obſervatoire , car
,, je ne vois point Verſailles , mais la côte de ce
,, côté me paroit élevée de 0ᵈ 23″ au deſſus de
,, l'horizon , il s'enſuit que le Ballon n'a pas monté
,, plus haut que de 240 toiſes au-deſſus du terrein
,, ou de la côte de Verſailles.
,, J'ai l'honneur d'être , &c. LE GENTIL , de
,, l'Académie Royale des Sciences ,,.
,, Le 19 Septembre , jour où l'expérience a été
,, faite à Verſailles , M. Jeaurat étoit placé ſur la
,, plate-forme de l'Obſervatoire , préciſément au-
,, deſſus de M. le Gentil , qui obſervoit en ſon
,, particulier. Selon M. Jeaurat , le Globe avoit
,, une direction qui formoit avec la méridienne ,
,, vers le couchant , un angle de 87ᵈ 20′. L'angle
,, au-deſſus de l'horizon étoit de 1ᵈ 55′ 55″ , d'où
,, la hauteur a été conclue de 291 toiſes au-deſſus
,, du rez-de-chauſſée de l'Obſervatoire ; d'ailleurs
,, le diamètre apparent étoit d'environ 6′ , ce qui

étant d'une pesanteur moindre de moitié que celle de l'air atmosphérique , son poids étoit de 1596 livres ; l'équilibre étoit donc rompu de 1596 livres , sur quoi il faut déduire le poids du Ballon , celui de la cage & du mouton , &c. 900 livres. Il restoit donc net une force de 696 livres qui auroit pu encore être enlevée. Cette belle Machine , en toile de fil & de coton , étoit peinte en dehors & en dedans à la détrempe ; l'on avoit mêlé dans la couleur de l'intérieur de la terre d'alun , comme très-propre à résister à la plus forte chaleur.

Quatre-vingts livres de paille & cinq livres de laine hachée suffirent pour produire les

,, indique que le Globe s'étoit approché de l'Obser-
,, vatoire. On peut donc présumer que la distance
,, du Globe à l'Observatoire étoit moindre que celle
,, de Versailles à l'Observatoire , sans compter qu'il
,, conviendroit de tenir compte de la différence
,, des niveaux des deux différens lieux ; mais les
,, rectifications qui ne peuvent se faire moyennant
,, une discussion , semblent superflues pour une
,, détermination de cette espèce , où il importe
,, peu de mettre une plus grande précision ,,.
Extrait de la Lettre de M. Jeaurat.

37500 pieds cubes de vapeur ; & fans les
deux déchirures de la partie fupérieure , il
n'eût fallu que cinquante livres de paille , ainfi
qu'on l'avoit éprouvé la veille.

M. de Montgolfier , qui avoit eu l'honneur
de préfenter au Roi , avant l'expérience , une
note par laquelle il annonçoit que la Machine
fe foutiendroit environ 10 minutes en l'air ,
& qu'elle parcourroit un efpace d'environ
2000 toifes , s'étoit mis par-là à l'abri de
toute critique. Un accident qu'il étoit impoffible de prévoir , fur-tout lorfqu'on voudra
faire attention qu'elle avoit été conftruite
dans quatre jours & quatre nuits , l'empêcha
d'avoir fon effet en entier ; mais elle refta
cependant huit minutes en l'air , & parcou-
rut un efpace de 1700 toifes. Les applaudiffemens & l'accueil honorable que reçut à ce fujet M. de Montgolfier , fuffifent pour démon-
trer que cette belle expérience caufa autant
d'étonnement que de fatisfaction. Et fi l'envie s'attache ordinairement à tout ce qui porte
l'empreinte du génie , elle ne fe manifefta
dans cette occafion que dans deux ou trois in-
dividus obfcurs , qui furent corrigés par le
ridicule qu'ils s'étoient fi juftement attiré.

DU GAZ INFLAMMABLE,

Et du Gaz de M. DE MONTGOLFIER.

LE gaz inflammable qui fixoit depuis quelque tems l'attention des physiciens, par les beaux phénomènes qu'il présente, offre, dans ce moment, des moyens nouveaux, applicables à des expériences qui vont ouvrir une carrière absolument inconnue jusqu'à ce jour.

Cette vapeur, d'une légèreté extrême (car l'air de l'atmosphère est dix fois plus pesant qu'elle) étant renfermée dans une enveloppe, capable de la retenir, & d'une certaine capacité, s'enlève bientôt avec rapidité, entraînant avec elle, non-seulement le corps qui la contient, mais encore des poids qu'on peut proportionner à la masse de gaz qu'on a développée ; delà les Globes aérostatiques à air inflammable.

Ce fait est constaté de la manière la plus authentique ; l'on a même le projet de conf-

truire un Ballon à air inflammable , affez
confidérable pour enlever au moins un
homme , & il eft bien à défirer que la chofe
s'exécute ; l'on obtiendra par là un fait de
plus. MM. Charles & Robert , qui ont ouvert une foufcription à ce fujet , méritent
véritablement qu'on feconde leurs vues ; ils
ont tout ce qu'il faut pour mener cette
expérience à bien , & leur émulation ne peut
qu'être avantageufe à cette découverte.

Quoique le gaz inflammable foit d'un haut
prix , & qu'on ne l'obtienne pas en grand
avec autant de facilité qu'on le defireroit , je
fuis bien éloigné de le rejeter ; il eft à fou-
haiter au contraire , avant d'y renoncer ,
qu'on ait abfolument épuifé toutes les reffources à ce fujet.

Les amateurs de la phyfique doivent porter
leur attention fur deux points importans ,
relativement aux Ballons aéroftatiques à air
inflammable ; le premier doit rouler fur les
moyens les plus faciles & les plus économiques pour obtenir cet air ; le fecond regarde l'enveloppe : il faut chercher à s'en
procurer une qui foit fimple , folide , qu¡

ne craigne , ni la pluie , ni les intempéries
des faifons , & fur-tout , qui conferve exactement le gaz , fans l'affoiblir ou le dété-
riorer en aucune manière , au moins pendant plufieurs mois.

Le fer , le zinc , le cuivre, l'étain , le plomb
mélangés avec les acides vitrioliques ou marins de bonne qualité , affoiblis par trois portions d'eau non féléniteufe , produifent de
l'air inflammable.

Il faut , dans cette opération , ne jamais
faire ufage d'acide nitreux connu fous le nom
d'*eau forte* , parce que l'air que cet acide
dégage des métaux , eft d'une nature entièrement oppofée à l'air inflammable.

L'acide végétal , lorfqu'il a une certaine
force , produit également de l'air inflammable avec les métaux ; mais le moyen eft lent
& difpendieux.

La noix de galle pilée , ou toute autre
fubftance végétale fortement aftringente ,
mélées avec de la limaille de fer & de l'eau ,
forment une pâte liquide , qui produit , au
bout d'un jour ou deux , des bulles d'air inflammable ; mais ce procédé eft encore beau-

coup trop long. *Voyez Priestley, Expériences & Observations sur différentes branches de physique*, tome II, page 130.

L'air des marais est très-abondant, presque par-tout où les eaux sont stagnantes, & cet air inflammable ne coûteroit que la peine de le retirer. Il est vrai que les procédés seroient un peu gênans en opérant dans le grand ; mais ne pourroit-on pas les simplifier ? Il me semble qu'il seroit facile, à l'aide d'un rateau de fer ou de bois, qu'on promèneroit dans le fond d'une eau bourbeuse, de s'en procurer des provisions assez abondantes : il s'agiroit de fixer sur ce rateau un grand entonnoir de fer – blanc qui en recouvriroit la surface ; l'air qui se dégageroit monteroit par le tuyau allongé de l'entonnoir, dans une grande bouteille renversée, ou dans tout autre vase plus commode plein d'eau ; l'air inflammable déplaceroit le fluide aqueux, & l'on boucheroit la bouteille lorsqu'elle seroit pleine ; deux personnes, dans un petit bateau, pourroient, avec de l'intelligence & de l'adresse, recueillir de cette manière, en assez peu de tems, beaucoup d'air, & en

faire des provisions. On peut imaginer d'autres moyens analogues , plus faciles encore ,
lorsqu'on voudra faire des recherches pratiques à ce sujet.

L'air des marais , quoiqu'inflammable , est
moins léger que celui des métaux ; mais il
peut cependant être employé pour les Machines aérostatiques.

L'esprit de térébenthine , distillé dans un
appareil pneumato-chymique, produit de l'air
inflammable ; mais ce dernier est encore plus
pesant que l'air des marais , & est réductible.

Le *charbon végétal* & le *charbon fossile* en
fournissent aussi , mais il n'est pas léger ; il
est vrai que , comme il est à présumer qu'il
est mêlé d'air fixe , on pourroit l'en débarras-
ser, en le faisant passer à travers l'eau de chaux.

L'esprit-de-vin rectifié , l'éther vitriolique ,
jettés par goutte dans des vaisseaux qu'on fait
chauffer , donnent du gaz inflammable ; mais
il est réductible & se condense par le froid ,
il forme alors des vapeurs aqueuses.

Enfin , d'autres matières simples ou mélan-
gées pourroient produire encore de l'air inflammable ; rien n'empêcheroit d'essayer ,

par exemple , les huiles mêlées. Avec de l'o-
cre ferrugineuse , ou avec de la suie , l'on a
des preuves, depuis quelque tems , qu'une
telle mixtion s'enflamme spontanément. Les
pyrites , mises en décompofition , foit par le
feu , foit par le moyen de l'eau , ne doivent
pas être non-plus négligées.

Je ne donne ici cet énoncé rapide , qu'afin
de préfenter , fous un même point de vue ,
les fubftances propres à produire de l'air inflammable , afin de mettre à portée les perfonnes qui n'auroient pas eu occafion de faire
des recherches à ce fujet , de connoître au
premier coup-d'œil les matières fur lefquelles
il faut travailler de préférence.

Mais comme les recherches fur le gaz inflammable ont été jufqu'à préfent , plutôt relatives aux qualités intrinfèques de cet air &
à fes propriétés phyfiques , qu'à fa légèreté
fpécifique , & aux moyens les plus commodes de s'en procurer de grandes quantités , il
eft bon en attendant qu'on ait fait des découvertes à ce fujet , de donner ici les procédés qui m'ont le mieux réuffi , pour obtenir
le gaz inflammable tiré du fer par l'acide
vitriolique.

Moyen d'obtenir l'air inflammable par le fer & l'acide vitriolique.

Procurez-vous de la limaille de fer ou de celle d'acier, la plus pure que vous pourrez trouver ; évitez sur toutes choses, qu'elle soit jaunâtre & rouillée, parce qu'ayant perdu une partie de son phlogistique, elle contient en cet état, beaucoup de gaz *acide méphitique*, dont la pesanteur est plus considérable que celle de l'air atmosphérique.

Passez cette limaille à un tamis un peu gros, pour en séparer les pailles, les petits éclats de bois, & les autres corps étrangers qui se trouvent mélangés ordinairement avec la limaille, que les ouvriers ne s'embarrassent guère de tenir propre ; lorsque vous aurez la quantité de limaille épurée qui vous sera nécessaire, il faut vous munir d'acide vitriolique pur & concentré. L'on en trouve d'une très-bonne qualité, connu sous le nom vulgaire d'*huile de vitriol*, à la manufacture de *Javelle* près de Paris, & à *Rouen* (1).

(1) Celle de Javelle, à deux lieues de Paris, coûte 10 sols la livre, en la prenant sur les lieux.

L'acide vitriolique doit être mélangé avec
de l'eau pure , dans les proportions de quatre
parties d'eau fur une d'acide ; mais cette mixtion doit être faite avec précaution , dans des
vafes de grès ou de faïence , en ayant attention de mêler d'abord les deux liqueurs à petite
dofe , à caufe de la chaleur exceffive qui réfulte de cette union , & qui occafionneroit la
rupture des vaiffeaux ; mais en allant doucement & avec prudence , il n'y a abfolument
rien à craindre ; au refte , l'expérience & l'habitude inftruiront mieux que tout ce qu'on
pourroit dire à ce fujet ; ce n'eft pas fans raifon non-plus que j'ai recommandé l'ufage des
vafes de faïence ou de grès , car l'acide ne
mord pas fur la couverte de la faïence , tandis qu'il détruit bientôt le vernis de la pote-
rie commune ; mais le véritable grès , qui eft
une efpèce de porcelaine très-groffière , n'en
a point.

Le meilleur moyen d'obtenir l'air inflammable pur & le plus léger poffible , eft de le

Celle de Rouen , de la manufacture de M. Holker,
eft auffi bonne.

faire paſſer à travers l'eau , dans les appareils *pneumato-chimiques* , diſpoſés à la manière de M. le duc de Chaulnes , ou dans ceux qu'on trouve ordinairement chez preſque tous les ingénieurs en inſtrumens de phyſique ; mais ces appareils bien imaginés & très-commodes pour des expériences de cabinet , deviennent inſuffiſans , lorſqu'il s'agit de ſe procurer une très-grande quantité d'air.

Le procédé que je vais indiquer pour cet objet me paroît ſimple , & des plus faciles à exécuter. Prenez une grande cuve de bois , & même en rigueur un tonneau de 4 à 5 pieds de hauteur ſur 6 à 7 de diamètre , placé verticalement & ouvert par la partie ſupérieure ; faites établir à environ 2 pouces ½ de l'ouverture , une tablette demi-circulaire , qui occupera la moitié du diamètre de la cuve , & ſera ſolidement conſtruite & bien arrêtée dans une rainure intérieure , diſpoſée pour la recevoir ; lorſque la cuve ſera pleine , l'eau recouvrira la tablette , ce qui eſt néceſſaire ; elle ſera en cet état deſtinée , comme dans les appareils pneumato-chimiques ordinaires , à ſupporter une cloche ou récipient

qui , au lieu d'être en verre , fera en fer-
blanc ; il faudra auſſi pratiquer au milieu de
cette tablette , une ouverture cylindrique de
deux pouces de diamètre , au-deſſous de laquelle on fixera avec du maſtic un entonnoir
renverſé , de 5 à 6 pouces de largeur dans
ſon grand diamètre , ſur 7 à 8 pouces de
hauteur , & dont le tube raſera la partie ſupérieure de la tablette.

Cet appareil très-ſimple une fois conſtruit ,
l'on aura une cloche en fer-blanc de deux
pieds ½ de diamètre ſur 3 ½ de hauteur , ouverte par le bas , mais ſurmontée dans le haut
d'un robinet en cuivre placé verticalement &
diſpoſé de manière à être ouvert ou fermé à
volonté. Ce robinet doit avoir une allonge
propre à être viſſée ſur un ſecond robinet
adhérent à l'ouverture du Ballon , & cette
partie du Ballon doit être un peu prolongée &
faite en entonnoir.

Le récipient ainſi établi en fer-blanc , peut
être peint en couleur à l'huile , afin d'être
préſervé de la rouille. Enfin , pour complé-
ter l'appareil , il eſt néceſſaire d'avoir une
eſpèce de bouteille en plomb , d'un pied de
diamètre

diamètre sur deux pieds six pouces de hauteur , à double goulot , dont l'un servira pour introduire la limaille de fer & l'acide , & sera fermé ensuite avec un bouchon de liège , & l'autre sera adhérent & soudé à un long tube en plomb , recourbé & disposé de manière à pouvoir être placé facilement sous l'entonnoir de la tablette.

Ces trois principales pièces ainsi préparées , & la cuve étant pleine d'eau , l'on y enfoncera la cloche ou récipient en fer-blanc , en ayant soin d'ouvrir auparavant le robinet , afin que la cloche , en se vidant d'air , se remplisse d'eau avec facilité ; l'opération faite , le robinet sera fermé , & un homme ou deux enlèveront en cet état doucement la cloche pour la placer sur la tablette dans la partie correspondante au trou de l'entonnoir , & , comme la tablette sera couverte de 2 pouces d'eau , celle du récipient se soutiendra & n'aura aucune communication avec l'air extérieur.

Les choses ainsi disposées , la bouteille en plomb sera ouverte, & l'on jettera par le trou , qui doit avoir au moins un pouce de diamè-

E

tre , environ deux livres de limaille de fer ;
fur lefquelles on verfera de l'acide vitriolique,
de manière qu'il y en ait fuffifamment pour
que la limaille foit entièrement converte par
le liquide ; l'on remuera très-promptement la
mixtion dans la bouteille de plomb , avec une
longue fpatule en fer ; la bouteille fera fur-le-
champ rebouchée , & l'air qui fe dégagera
avec impétuofité , parviendra par le tube dans
le récipient où il déplacera l'eau. Dès qu'on
s'appercevra que la cloche eft pleine , ce qu'on
reconnoîtra aux premières bulles d'air qui for-
tiront fous l'eau du récipient , l'on ouvrira le
robinet de la cloche & celui du Ballon , que je
fuppofe viffé, & fufpendu au-deffus de l'appareil , & l'air , lorfqu'on enfoncera la cloche
dans l'eau , paffera dans le Ballon. L'eau qui
remplira de nouveau la cloche , fera déplacée
à fon tour par l'air inflammable. L'on enfoncera encore le récipient dans l'eau , & , en
continuant cette manœuvre , l'on fe procu-
rera une bonne provifion d'air inflammable
très-pur.

Il faut avoir foin , lorfqu'on s'appercevra

que l'effervefcence ceffe , de jeter de la nouvelle limaille & de l'acide dans la bouteille ,
& d'intervalle en intervalle de l'acide un peu
plus fort ; c'eft-à-dire , affoibli fimplement
par deux portions d'eau.

Comme à force de jeter de la limaille &
de l'acide vitriolique dans la bouteille , elle fe
rempliroit , ce qu'il faut éviter , parce qu'a-
lors l'acide monteroit lui-même en entraînant
de la limaille ; il fera néceffaire , lorfqu'on
aura befoin d'une grande quantité d'air , de
fe procurer deux bouteilles en plomb , parce
que l'on aura la facilité par-là de les fubftituer
l'une à l'autre , & de nettoyer la première
pendant que la feconde fournira de l'air. L'on
aura attention , lorfqu'on changera ainfi de
bouteille , de fermer le robinet du Ballon.

Telle eft la méthode que je propofe , en
attendant que les recherches des phyficiens
nous en aient procuré de meilleures.

Quant à la manière de remplir les petits
Ballons en peau de *baudruche* , s'ils n'ont
que 10 à 12 pouces de diamètre , il faut avoir
de l'air inflammable nouveau dans des veffies

de cochon garnies de leurs robinets (1). Un petit tube cylindrique de cuivre viflé fur le robinet, donne la plus grande facilité de remplir ces veffies ; on les vuide d'air atmofphérique en les preffant ; on ferme le robinet, & l'on enfonce l'allonge dans un bouchon de liège, qui bouche un des goulots de la bouteille. L'on jette de la limaille & de l'acide dans la bouteille, on la bouche après avoir ouvert le robinet, & l'air inflammable a bientôt rempli la veffie ; avec deux de ces veffies l'on a la provifion d'air néceffaire pour faire enlever un Ballon d'un pied de diamètre.

Les perfonnes qui ne feroient pas à portée de fe procurer des veffies à robinet, peuvent y fuppléer de la manière fuivante, mais l'air inflammable en eft un peu moins pur, & par conféquent un peu moins léger.

Ayez un petit tube de verre de 4 lignes

(1) Les freres Dumotier, demeurans *au fond de la cour de Saint-Jean de Latran*, ont toujours des veffies garnies de robinets, avec lefquelles on peut faire plufieurs expériences agréables, en fe fervant d'air inflammable. Ils font auffi affortis en machines de phyfique, & font très-accommodans pour les prix.

de diamètre environ , sur trois pieds de longueur. Ajuftez à une des extrémités un bouchon de liège percé , dans lequel le tube en-
trera jufqu'au bord , où il sera fcellé avec du
maftic ou de la cire ; il faut que ce bouchon
armé du tube , puiffe s'adapter dans l'ouverture d'une bouteille noire ordinaire , ou plus
grande encore fi la capacité du Ballon l'exige.

Ayez un fecond petit bouchon percé , avec
lequel vous fermerez l'autre extrêmité du
tube , & c'eft fur ce bouchon que vous ferez
entrer le bout de plume adhérent au Ballon
en peau de baudruche.

Jettez deux ou trois onces de limaille de
fer dans la bouteille , verfez-y de l'acide vitriolique affoibli par quatre parties d'eau, bou-
chez avec le bouchon qui tient au tube , pla-
cez le bout de plume adhérent au Ballon ,
dans le petit trou du bouchon fupérieur , &
l'air inflammable qui fe dégagera de la bouteille , remplira très-promptement le Ballon.
On liera avec un peu de foie le Ballon au-deffus de la plume , ou même on laiffera la plume
dont on bouchera l'ouverture avec un très-
petit bouchon qu'on aura préparé auparavant.

pour cet objet , & le Ballon partira en entraînant la plume & le bouchon qui lui ferviront
de left.

Mais fi l'on vouloit remplir , par exemple ,
un Ballon plus confidérable en peau de baudruche , c'eft-à-dire , qui eût de 20 à 25 pouces de diamètre , au lieu de fe fervir de bouteille , l'on adapteroit un tube de verre &
un bouchon plus gros , fur une petite bari-
que en bois , dont le difque fupérieur feroit
percé de deux ouvertures ; l'une pour recevoir le tube ; la feconde , pour introduire la
limaille & l'acide , & l'on fermeroit cette dernière , lorfque l'air fe dégageroit.

*Du gaz que développe M. de Montgolfier ,
pour remplir & enlever la Machine aéroſtatique.*

Le nom de *gaz* ne devroit être donné qu'à
une émanation aériforme quelconque , douée
d'un caractère propre & fpécifique , & qu'on
peut produire fans le concours & abftraction
faite de l'air atmofphérique , foit par des
procédés chimiques , foit par des moyens
que la nature met en ufage , & dont la plupart nous font encore inconnus.

D'après cela, je ne serai pas éloigné de penser que le nom de *gaz* ne convient peut-être pas strictement aux différentes vapeurs combinées, qui composent l'air qui sert à remplir & à enlever les Machines aérostatiques de MM. de Montgolfier.

Il est vrai que, dans cette opération, on brûle des matières animales, qui produisent du véritable *gaz alkalin*, & que la paille allumée laisse échapper du phlogistique, & des substances huileuses réduites en vapeur, qui peuvent occasionner diverses modifications dans l'air atmosphérique ; ce dernier lui-même traversant la flamme, y éprouve quelque changement ; & comme il résulte de tous ces mélanges un mixte aériforme particulier plus léger que l'air commun, je ne vois pas qu'il y eût d'inconvénient de lui donner le nom de *gaz de MM. de Montgolfier*, en mémoire de leur belle découverte.

La connoissance exacte de ce gaz n'est certainement pas une chose facile, d'abord parce qu'elle tient à une foule de circonstances accessoires ; en second lieu, parce que les expériences qu'on a faites jusqu'à préfent ayant été peu nombreufes, & exigeant des manœuvres promptes, il n'a pas encore été poffible de recueillir des provifions de cet air, prifes à différentes hauteurs dans la Machine, ce qui n'étoit pas aifé, foit à caufe de fa grande élévation, foit parce que l'on a dû être naturellement plus occupé d'abord du fuccès des expériences que des recher-ches fur les qualités du gaz. Il faut donc at-tendre que des circonftances plus favorables nous mettent dans le cas de pouvoir l'exa-miner, & en faire les effais convenables avec *l'eudiomètre*, & par les procédés chimiques que nous connoiffons.

Je me contenterai donc, en attendant, de rapporter ici quelques faits que j'ai re-cueillis avec le plus de foin qu'il m'a été poffible, & qui pourront fervir à ceux qui feront à portée de fuivre des expériences femblables.

I. Obfervation. Il eft très - important, lorfqu'on développe le gaz, d'éparpiller la paille de manière qu'elle s'enflamme très-promptement, & fans produire de fumée, toute l'attention de ceux qui dirigent le feu,

doit se porter sur cet objet ; un feu vif &
brillant , un feu de flamme est ce qui convient le mieux.

II. Il faut , de distance en distance , jeter
sur la flamme , & par petites poignées , de la
laine hachée , la plus mince est la meilleure ,
elle s'allume mieux & jete moins de fumée.

III. Lorsque les personnes chargées de
conduire le feu , ont l'habitude de ne pas
trop jeter de paille à la fois , & de l'employer à propos pour avoir une flamme cons-
tante , une Machine de 70 pieds de hauteur
sur 46 de diamètre , peut être entièrement
remplie en cinq minutes , ce qui paroît
étonnant (1).

IV. Dès que la Machine commence à se

(1) A mesure que le dôme de la Machine commence à se remplir , on l'élève doucement , à l'aide
d'une corde & d'une poulie fixée entre les deux
mâts , de 50 à 60 pieds de hauteur , qui doivent
être placés à côté de l'échaffaud ; cette manœuvre
facilite l'entrée de la vapeur dans la machine , &
sert à la contenir jusqu'à ce qu'étant parvenue à la
hauteur des mâts , elle se dégage elle-même &
quitte ses liens.

gonfler, il se forme sur-le-champ un courant d'air rapide qui vient de l'extérieur, &
entre dans la Machine, de manière qu'avant
qu'on eût pris les précautions nécessaires, les
toiles disposées sous l'échaffaud, & autour
du foyer, en manière d'entonnoir cylindrique, étoient agitées avec une violence extrême, & venoient se joindre contre le foyer :
on a donc été obligé de les arrêter par le
moyen de poteaux disposés autour du réchaud,
sur lesquels les toiles ont été clouées.

Il entre donc une quantité considérable
d'air atmosphérique dans la Machine.

V. Cet air commun, avant de pénétrer
dans la capacité du Ballon, est obligé de
traverser la flamme que produit la paille allumée : il est probable qu'en s'échauffant, l'eau
qu'il contient & celle qui résulte de la combustion de la matière végétale, sont réduites en vapeur.

VI. Cette eau forme alors un fluide élastique plus rare & plus léger que l'air même,
& cette vapeur diffère de tous les fluides
aériformes connus, en ce que, comme l'a
très-bien observé M. de Saussure en parlant

de l'eau vaporisée , le *seul refroidissement
suffit pour séparer le feu , & pour faire
reparoître sous une forme dense & non
élastique , l'eau qui s'étoit réduite en vapeur.* Essai d'Hygrométrie , essai III , chap. 1 ,
pag. 186.

VII. Les vapeurs contenues dans l'air
atmosphérique , étant parfaitement dissoutes
par la chaleur , ne sont pas visibles ; il en
est de même de celles qui sont renfermées
dans la Machine aérostatique ; car lorsque
la flamme a produit une chaleur égale , non-
seulement les vapeurs aqueuses , mais d'autres émanations , telles que les parties huileuses & celles produites par la combustion ,
sont tellement divisées & dissoutes , que la
Machine , quoique pleine & tendue dans tous
les points , n'offre qu'un fluide aériforme ,
transparent & homogène en apparence.

VIII. C'est en cet état que la Machine
s'enlève avec force & vitesse , & qu'elle se
soutient le mieux en l'air. La vapeur est dans
ce cas-là à l'air atmosphérique comme 1 à 2 ;
c'est-à-dire , qu'elle est une fois plus légère
que l'air ordinaire ; ce qui est d'autant plus

avantageux , qu'en conftruifant des Machines d'une grande capacité , l'on peut enlever des poids confidérables.

IX. Lorfque la Machine aéroftatique eft en expérience pendant quelque tems , il fe forme dans l'intérieur une fuie fine & légère , qui eft à peine adhérente à la toile , & qui s'en détache au moindre mouvement.

X. Lorfqu'on a voulu effayer de bruler du bois de farment , qui forme un feu vif & clair , la Machine s'eft très-bien tendue , mais le courant d'air tranfportoit avec rapidité des charbons encore enflammés , jufques dans des parties très-élevées , ce qui pouvoit être dangereux pour l'enveloppe , d'autant plus que les charbons étoient encore très-animés à cette hauteur , ce qui annonce que l'air n'é-toit ni méphitique , ni détérioré. Quoique le feu de farment foit très-bon , celui de paille ne faifant aucun charbon , il faut lui donner la préférence jufqu'à ce qu'on ait trouvé des moyens de mieux contenir le premier.

XI. Il paroît que l'air alkalin entre pour quelque chofe dans la légéreté du gaz ; mais comme la Machine s'élève (un peu moins bien à la vérité) lorsqu'on brûle simplement de la paille, il s'enfuit que l'air échauffé, que l'air dilaté, & que les molécules aqueuses qui s'y trouvent naturellement, ou qui s'y font portées par la décomposition de la paille, étant réduites en vapeur, jouent le plus grand rôle par leur légéreté dans l'ascension de la Machine ; cependant, comme je n'ai que des préfomptions, & point de certitude encore fur cette dernière opinion, je ne l'avance que comme une fimple conjecture ; car, quoique la physique des gaz ait fait un grand pas, il est à croire qu'il nous refte encore bien des chofes à connoître à ce fujet.

Je pourrois donner ici un exemple qui n'eft peut-être pas étranger à l'objet que je traite, quoiqu'il femble s'en éloigner au premier afpect ; c'est celui de l'air agiffant comme dif-folvant de l'eau : le fluide aérien en eft fi avide, qu'il en retient conftamment avec lui des parties dont il ne fe dépouille jamais entièrement. L'hygromètre comparable dont M. de Sauffure vient d'enrichir la physique, nous a donné de grandes lumières fur l'état de l'air ; & l'ouvrage que ce favant diftingué vient de publier à ce fujet , nous met fur la voie des plus précieufes découvertes. Le réfumé général qui termine le chapitre VIII des *Effais fur l'Hygrométrie* , forme un expofé fuccinct fi clair & fi méthodique , que j'efpère qu'on me faura quelque gré de le rapporter ici :

« L'évaporation proprement dite , eft le » réfultat ou plutôt l'effet de l'union intime » du feu élémentaire avec l'eau. Par cette » union , l'eau & le feu réunis fe changent » en un fluide élaftique plus rare que l'air , » & qui mérite éminemment le nom de *va-* » *peur.*

» Cette vapeur , lorfqu'elle fe forme dans » le vuide , ou que fon abondance & fa » chaleur foutenue lui donnent la force d'ex-» pulfer l'air qui la comprime , fe nomme » *vapeur élaftique pure.*

» Mais lorfque cette même vapeur ne peut » pas furmonter entièrement la force com-» preffive de l'air , elle le pénètre , fe mêle » avec lui , fubit une vraie diffolution , & » prend le nom de *vapeur élaftique diffoute.*

» Lorsqu'ensuite l'air saturé laisse précipiter
» l'eau qu'il contient ; cette eau prend quel-
» quefois la forme de vésicules , ou de petites
» bulles : ces vésicules remplies & envelop-
» pées d'un fluide rare & léger , se soutien-
» nent dans l'air , & s'élèvent même quel-
» quefois par une légéreté spécifique plus
» grande que la sienne. Ce sont donc des
» corps étrangers à l'air , & d'une nature ab-
» solument différente du fluide élastique au-
» quel nous venons de donner le nom de *va-*
» *peur.* Cependant , pour me conformer à
» l'usage , je les ai rangés dans la classe des
» vapeurs , & je les ai distingués par le nom
» de *vapeur vésiculaire.*

» Enfin , lorsque la vapeur élastique ou les
» vésicules elles - mêmes se condensent en
» gouttelettes pleines , qui ne diffèrent des
» gouttes de pluie que par leur extrême pe-
» titesse , ce sont encore des corps bien dif-
» férens de la vapeur proprement dite. Ce-
» pendant comme ces corps flottent dans
» l'air , & peuvent y être soutenus pendant
» quelque tems par son agitation & sa visco-
» sité , je les classe aussi parmi les vapeurs ,

» & je leur donne le nom de *vapeur con-
crète* ». *Essai d'Hygrométrie*, *chap. VIII*,
pag. 257.

Ce tableau du différent état des vapeurs
est très-exact , & présente un fait remarquable en physique , celui des vapeurs véficulaires, qu'on peut regarder , fi je puis m'exprimer ainsi , comme autant de petits Ballons
aéroftatiques, qui, à l'aide de certaines circonftances, s'élèvent , flottent & voyagent
les uns à côté des autres, fans s'unir , fans
fe confondre, pour former, dans les hautes
régions atmofphériques , des nuages· qu'on
peut regarder fouvent comme des rivières entières fufpendues fur nos têtes ; & fi MM. de
Montgolfier, avec une fimple Machine de 70
pieds de hauteur fur environ 46 de diamètre,
nous ont fait voir qu'on pouvoit enlever des
poids confidérables, jugeons par-là de la
force d'un nuage de trois à quatre cens pieds
de diamètre, fur cinq ou fix cens de hauteur , fi l'on trouvoit jamais l'art de le réunir & de l'enfermer dans une enveloppe en
état de le contenir , & qui ne porteroit aucune atteinte à la difpofition & à la qualité
des

des vapeurs vésiculaires ; c'est-à-dire, qui ne
les condenseroit pas & ne les feroit pas réfou-
dre en eau.

Je pense qu'il faut établir une grande
distinction entre les vapeurs que nous formons
par l'art à l'aide du feu, & celles que la
nature produit d'une manière spontanée,
avec peu de chaleur.

Il nous faut un violent degré de feu pour
extraire l'eau des substances végétales ou
animales, & la réduire en vapeur, ainsi-que
l'eau commune, & les autres fluides que nous
connoissons, & ces vapeurs font presqu'aussi-
tôt condensées qu'élevées ; tandis au contraire
que la nature, non – seulement produit les
vapeurs vésiculaires, sans beaucoup de chaleur, mais les porte à de très-grandes hauteurs, où le froid ne les condense que d'une
manière à les rendre visibles, & non à les
résoudre, puisqu'elles se soutiennent dans
l'hiver comme dans l'été, à une hauteur qui
excède quelquefois trois mille toises, de
manière qu'il paroît que lorsqu'elles se réunissent pour se résoudre en pluie, c'est à une
cause qui semble ne tenir essentiellement,

F

ni au froid , ni à la chaleur ; mais à un phénomène d'un genre différent.

Si le feu électrique est probablement l'agent qui tient les vapeurs véficulaires dans l'état qui les conftitue telles , la déperdition de ce feu fubtil doit les obliger de fe réunir ; de-là la réduction de ces vapeurs en pluie.

Il feroit bien intéreffant fans doute de trouver un procédé qui nous mît fur la voie de reconnoître l'efpèce de fluide aériforme renfermé dans chaque bulle de vapeur. Eft-ce un air que l'eau a faifi & enveloppé lorfqu'elle a pris la forme fphérique ? ou bien cet air doit-il fon origine à une modification particulière du fluide aqueux ? Cette efpèce de tranfmutation de l'eau en air , qui fait depuis quelque tems l'objet des recherches du docteur Prieftley , doit paroître moins furprenante depuis qu'on fait que deux portions d'air inflammable , unies à une mefure d'air déphlogiftiqué , produifent , en les allumant avec une étincelle électrique , un poids d'eau égal à celui des deux airs ; expérience auffi curieufe qu'importante , tentée d'abord en Angleterre , & démontrée depuis peu en France.

Il feroit digne d'un homme de génie, doué
du goût & de l'art des expériences, d'en tenter une en grand, analogue à celle de la formation & de l'afcenfion des nuages ; l'on
pourroit conftruire pour cet objet une Machine aéroftatique, dont l'enveloppe en foie
ou en toute autre matière, feroit enduite d'un
vernis réfineux propre à conferver l'électricité des corps qui y feroient renfermés.
Cette Machine feroit retenue fur la partie
de l'échafaud deftiné à développer les vapeurs, par des cordons de foie qui ferviroient
à l'ifoler ; elle feroit remplie à la manière
de M. de Montgolfier ; c'eft - à - dire, au
moyen d'un feu vif & clair ; mais l'on auroit
attention de placer fur le réchaud un grand
éolipile plein d'eau, que le feu réduiroit bientôt en vapeur, & que la flamme porteroit
dans toute la capacité du Ballon ; l'on élec-
triferoit fur-le-champ, à l'aide d'une bonne
machine, & d'un conducteur difpofé pour
cet objet, cette maffe de vapeur en activité ;
& après avoir armé l'enveloppe extérieure de
quelques pointes propres à attirer l'électricité
atmofphérique, on lâcheroit la Machine dans

F ij

l'air , en la retenant avec de longs cordons
de foie , pour être à portée par-là d'étudier
les réfultats qu'elle préfenteroit , ou on l'a-
bandonneroit à elle-même , pour favoir combien de tems & à quelle hauteur elle fe foutiendroit dans l'atmofphère , & ce qu'elle
y deviendroit en cet état.

L'on pourroit varier ces expériences de
bien des manières ; & fi je n'étois pas obligé
d'abréger ce mémoire, qui n'eft déjà peut-être
que trop long , je propoferois d'autres effais ;
car l'habitude de voir la Machine aéroftatique , & de l'étudier toutes les fois qu'on en a
fait ufage , m'a fait naître quelques idées nouvelles , & des projets d'expérience , dont
l'exécution ne me paroît point impoffible.

Enfin , pour en revenir au gaz de M. de
Montgolfier , il refte encore une multitude de
recherches à faire à ce fujet , & l'auteur en
convient lui-même. La découverte eft fi
nouvelle , qu'on s'eft plutôt occupé à faire de
grandes & belles expériences avec un moyen
facile , & qu'on avoit pour ainfi dire fous la
main, fans frais, qu'à chercher à perfectionner
le gaz , ou à donner la préférence à d'autres

qui préfentoient de très-grandes difficultés :
mais actuellement qu'on eft venu à bout d'enlever des poids confidérables par ce premier
moyen , c'eft le moment de s'occuper à faire
des recherches pour trouver des procédés
plus commodes encore s'il eft poffible.

Le champ n'eft point auffi borné qu'on
pourroit le croire ; car l'on peut varier les
effais, non-feulement avec diverfes efpèces de
bois , mais avec du charbon végétal , en le
privant de fon gaz méphitique dans l'inftant
même où il brûleroit , ou avec du charbon
foffile ; les réfines , & d'autres corps combuf-
tibles , qu'on tenteroit de mélanger avec des
fubftances falines , fourniroient peut-être des
moyens heureux qui fimplifieroient les opérations. Enfin il refteroit à imaginer des four-
neaux , des efpèces de cheminées , ou même
des poëles plus avantageux & plus économiques pour l'entretien des Machines aéroftca-
tiques , que le réchaud dont on a fait ufage ;
& la chimie eft fi avancée dans ce moment ,
qu'il faut efpérer qu'elle nous fournira des
moyens pour perfectionner une découverte
qui fera à jamais époque dans les fciences.

DU CAOUTCHOUC,

*Connu sous le nom de gomme élastique ; &
de la manière de dissoudre cette substance.*

LA gomme élastique se trouve dans la
province des Eméraudes au Pérou , & dé-
coule d'un arbre nommé par les naturels du
pays *hhévé* , qui jette par des incisions qu'on
y fait , un suc laiteux qui s'épaissit en l'expo-
sant au soleil ou à la fumée , & prend la
consistance la plus forte ; on en fait dans le
pays des flambeaux d'un pouce de diamètre
sur deux pieds de longueur , qu'on enveloppe
d'une feuille de bananier pour contenir la matière lorsqu'elle est enflammée ; & comme
cette substance gommo-résineuse s'allume avec
facilité , ces flambeaux brûlent sans mèche.

L'arbre qui produit la gomme élastique ,
croît aussi sur les bords de la rivière des *Ama-
zones* chez les *Omagnas*, & dans les environs
de *Para* dans les missions espagnoles.

M. Fresnau , chevalier de l'ordre royal &

militaire de S. Louis, & ingénieur à Cayenne, découvrit dans cette colonie, après de grandes recherches & beaucoup de peine, l'arbre qui produit la gomme élaſtique.

Voici la deſcription qu'il en donne lui-même dans un mémoire qu'il adreſſa à M. de la Condamine en 1751.

« *L'arbre ſeringue*, ainſi nommé par les » Portugais du *Para*, *hhévé* par les habitans » de la province *Dèsmeraldaz*, & *caoutchoue* » chez les *Maïnaz*, eſt fort haut, très-droit, » ayant une petite tête, & ſans autres bran- » ches dans toute ſa longueur. Les plus gros » dans la *Guiana* n'ont guère que deux pieds » de diamètre, & toutes leurs racines ſont en » terre. Son tronc eſt plus gros vers la baſe, » & écailleux à-peu-près comme une pomme » de pin. La feuille reſſemble aſſez à celle du » *maniſte*, c'eſt-à-dire qu'elle eſt compoſée » de pluſieurs feuilles de grandeur inégale, » portées ſur la même queue, tantôt au nom- » bre de cinq, tantôt de quatre, & plus » ordinairement de trois. Les plus grandes » feuilles qui occupent le centre, ont environ » trois pouces de longueur, & trois quarts

F iv

» de pouce de largeur ; elles font d'un vert
» clair en deſſus , & plus pâles en deſſous.
» Le fruit de cet arbre eſt une coque trian-
» gulaire , ſemblable par ſa figure au fruit du
» *ricin* ou *palma chriſti* , mais il eſt beau-
» coup plus gros. La ſubſtance de la coque
» eſt épaiſſe & ligneuſe ; cette coque a trois
» tiges , qui renferment chacune une ſeule
» ſemence ovale & de couleur brune , où ſe
» trouve une amande ».

M. Freſnau ne s'étoit pas contenté de faire
des recherches ſur l'arbre qui produit la
gomme élaſtique , mais il s'étoit appliqué à
des travaux chimiques ſur cette matière ; il
avoit trouvé avant 1751 , l'art de la diſſoudre
dans l'huile de noix , en la tenant ſimplement
en digeſtion ſur les cendres chaudes ou ſur
un bain de ſable , ainſi qu'on peut le voir
dans les Mémoires de l'académie royale des
ſciences.

M. Berniard , chimiſte laborieux & exact ,
a fait auſſi de nombreuſes expériences ſur la
gomme élaſtique ; il a publié dans le tome
XVII du Journal de Phyſique , Avril 1781 ,
pag. 265 , un mémoire très-intéreſſant , dans

lequel on trouve plusieurs manières de dissoudre la gomme élastique ; l'on y apprend
que les huiles essentielles de lavande , d'aspic
& de térébenthine, exposées à la chaleur d'un
bain de sable , & mêlées avec de la gomme
élastique , coupée en petits morceaux , ainsi
que les huiles tirées par expression , telles
que l'huile de noix , celles d'olive , de lin , de
pavot , &c. dissolvent la gomme élastique ;
mais l'espèce de vernis qu'elles forment dans
cette circonstance , est très-difficile & très-
long-tems à sécher (1).

M. Berniard , au reste , ne faisoit pas toutes
ces recherches dans l'intention de se procurer
des vernis à la gomme élastique ; son but
principal étoit de dissoudre cette substance ,
en lui conservant toute son élasticité , afin de
pouvoir lui donner des formes utiles & favorables aux arts , & c'est à quoi il avoue qu'il
n'a pu parvenir ; de sorte qu'on peut regarder
les dissolutions qu'il a obtenues , plutôt comme la matière de la gomme élastique réduite

____

(1) D'après des faits aussi positifs , je crois que
MM. Robert ont eu tort d'avancer dans le Journal
de Paris , qu'ils avoient trouvé l'art de dissoudre
la gomme élastique.

en une espèce de mucilage, que comme une
véritable diffolution, femblable à celle que
fourniffent les corps véritablement réfineux,
lorfqu'on les met en digeftion dans les efprits
ardens.

Je ne confeillerois donc guère l'ufage de la
gomme élaftique pour les Machines aéroftatiques, même en la diffolvant beaucoup mieux
que ne l'ont fait MM. Robert ; car un grand
nombre de perfonnes poffédent à Paris des
échantillons du Ballon du Champ de Mars,
qui ne font nullement fecs encore & qui fe
collent étroitement les uns contre les autres,
quoiqu'il y ait plus de deux mois qu'ils foient
vernis ; ils font d'ailleurs pleins de grumeaux,
& une chaleur un peu forte fait fondre la
gomme élaftique qu'on y a employée.

Il vaut donc beaucoup mieux fe fervir du
vernis à la *copale* ou au *fuccin*, & l'on en
trouve de très-bien préparé chez M. Watin,
près de la porte Saint-Martin. Ces vernis fé-
chent au bout de deux ou trois jours, ils donnent au taffetas du brillant, de la foupleffe,
& ils font imperméables à l'air. M. Meignier,
ingénieur en inftrumens de mathématique,
dont la probité égale les talens, & à qui l'on

peut s'en rapporter en toute assurance pour
construire des Ballons aérostatiques en taffetas
ou en toile , en a fait plusieurs , & entr'autres , un pour M. le duc de Crillon , en taffetas verni à la gomme *copale* , qui a eu le
plus heureux succès , puisqu'il est resté en l'air
12 heures , tandis que celui du Champ de
Mars ne s'y soutint que quarante-cinq minutes.

Cependant comme il peut arriver des cas
à l'avenir où la gomme élastique seroit utile ,
je vais donner ici un procédé pour la dissoudre.

Prenez une livre d'esprit de térébenthine ,
une livre de gomme élastique , coupée en très-
petits morceaux avec des ciseaux ; versez
l'esprit de térébenthine dans un matras à long
col , que vous placerez sur un bain de sable
chaud , jettez la gomme élastique , non à la
fois , mais par pincées à mesure que vous ap-
percevrez qu'elle se dissout. Lorsqu'elle sera
fondue , versez dans le matras une livre
d'huile de noix , ou de lin , ou de pavot ren-
due desiccative à la manière accoutumée ,
c'est-à-dire avec de la litharge ; vous laisse-
rez bouillir le tout pendant un quart-d'heure ,
& la préparation sera faite.

LETTRE

A M. FAUJAS DE SAINT-FOND.

J'APPRENS, Monsieur, que vous êtes sur le point de donner au Public, qui l'attend avec impatience, un Précis historique de la première expérience aérostatique faite par MM. de Montgolfier à Annonay, de celle qui a été répétée à Versailles par un des deux frères, & de celle qui fut faite le 27 août dernier au Champ de Mars.

Les liaisons que vous avez avec M. de Montgolfier, vous mettent sans doute plus à portée qu'un autre de rendre un compte exact de la belle & sublime expérience que les deux frères ont imaginée & exécutée les premiers à Annonay.

Ces mêmes liaisons & l'attention extrême que vous avez donnée à celle de Versailles, jointes aux soins que vous avez pris pour en recueillir de la bouche des témoins oculaires tous les détails que vous n'avez pas pu voir

par vous - même , doivent rendre le précis
que vous vous propofez d'en donner ,
également exact & inftructif , & quant à l'expérience faite au Champ de Mars le 27 août
dernier , vous en êtes certainement plus inf-
truit que perfonne , puifque c'eft vous qui
le premier avez fongé à répéter l'expérience
d'Annonay , qui avez imaginé la matière dont
le Ballon devoit être fait , enduit & rempli ,
qui pour obtenir les fonds néceffaires à la
conftruction de cette Machine , avez formé
& animé une foufcription nationale , & puifque c'eft vous enfin que cette foufcription
a nommé fon chef , & à qui elle a donné fon
plein pouvoir pour diriger cette célèbre expérience.

Vous avez fait plus , Monfieur ; animé du
défir d'immortalifer le nom des auteurs de
cette grande découverte , vous avez ouvert
une nouvelle foufcription pour préfenter à
MM. de Montgolfier une médaille frappée à
leur honneur , & qui fût un monument éter-
nel de leur gloire & de l'admiration de leurs
concitoyens.

Cette nouvelle foufcription vous a , ainfi

que la première , choifi pour chef du comité qui devoit déterminer le deffin de la
médaille.

C'eft en cette qualité que vous avez bien
voulu adopter l'infcription que je vous ai
propofée pour cette médaille ; & c'eft auffi ,
comme au chef de cette foufcription , que
j'ai l'honneur de vous adreffer cette lettre ,
dans laquelle je me propofe de répondre
aux principales objections que j'ai entendu
faire contre cette infcription.

Ce n'eft point feulement pour défendre la
propriété de l'expreffion de cette exergue , à
laquelle j'attache , comme vous le jugez bien ,
très-peu d'importance , que je vais m'occuper ici avec vous de cet objet ; mais outre
que je fuis trop flatté de votre fuffrage pour
ne pas chercher à juftifier votre choix , c'eft
principalement pour faire fentir autant que je
le pourrai, la beauté & l'importance de la découverte à laquelle cette exergue fait allufion , que je vais difcuter les objections
dont il s'agit. Vous me permettrez s'il
vous plaît d'entrer en matière fans autre
introduction.

Exergue de la Médaille.

A ETIENNE ET JOSEPH DE MONTGOLFIER ,
POUR AVOIR RENDU L'AIR NAVIGABLE.

Des objections qu'on a faites contre cette
exergue , la première me femble être pu-
rement grammaticale & ne mérite pas , à ce
titre , un fort long examen.

La feconde attaque le fond de la penfée ,
& tendroit, fi elle étoit fondée , à diminuer la
beauté de la découverte de MM. de Montgolfier ; je crois donc par cette raifon devoir
m'en occuper plus férieufement & la difcuter
avec toute l'étendue qu'elle exige.

La première objection fe réduit à dire qu'on
vole dans l'air , qu'on nage dans l'eau & qu'on
navige fur la furface de ce dernier élément ;
que l'idée de navigation emporte celle d'un
corps folide foutenu fur la furface d'un fluide ;
que l'expreffion de *navigable* ne peut donc
être appliquée à un fluide tel que l'air , fur
la furface duquel aucun corps folide ne peut
être tranfporté : que d'ailleurs ce n'eft point
ici l'air qui a été rendu propre à tranfporter

des corps folides , mais que ce font des corps folides qui ont été rendus propres à être transportés dans l'air , & que par conféquent l'expreffion de l'exergue eft inexacte fous ces deux rapports.

Je réponds , que l'expreffion de *voler* & de *nager* , ne me paroît applicable avec quelque propriété qu'à des animaux vivans ; que pour qu'un fluide puiffe être appellé navigable , il importe peu que ce foit à la furface ou dans la profondeur même de ce fluide , que les corps folides foient tranfportés , & que fi ce n'eft pas , à proprement parler, l'air qui a été rendu capable de tranfporter des corps folides , mais fi ce font des corps folides qui ont été rendus propres à être tranfportés dans l'air , l'air n'en eft pas moins , par cette découverte , devenu capable d'opérer ce tranfport , & qu'on peut donc ainfi dire métaphoriquement que cette découverte l'a rendu navigable. J'ajouterai que cette métaphore me femble même moins hardie qu'un grand nombre de celles qui font d'un ufage familier dans notre langue , & que fi on fait attention à la difficulté dont eft le ftyle lapidaire dans nos idiomes moder-

nes ,

nes , il me paroit qu'on peut & qu'on doit même admettre celle-ci sans scrupule.

Au reste comme cette objection ne porte que sur la justesse d'une expression à laquelle je prends un intérêt assez léger, je lui laisserai volontiers toute la force qui peut lui rester, & je passerai à l'examen de la seconde objection , qui pénètre davantage dans le fond de la question , & qui à toute sorte d'égards, mérite une discussion plus détaillée. C'est à l'éclaircissement de cette objection que je vais donc m'attacher , & que je veux consacrer le peu de tems qui me reste pour vous écrire.

Les personnes qui font cette objection , disent que pour qu'un fluide puisse être appellé navigable , il ne suffit pas qu'il puisse transporter ou plutôt emporter quelques corps solides ; mais qu'il faut qu'il puisse transporter des hommes , sans qu'ils courent un danger presque certain de périr ; que s'il y avoit quelques mers sur lesquelles , de cent vaisseaux qui y navigueroient , il en échappât à peine un seul , on diroit avec beaucoup de raison & de propriété , que ces mers ne font point navigables , & qu'il paroit par les

feules expériences aéroftatiques qui aient encore été faites , que les hommes qui fe hazar-
deront à naviguer dans l'air avec ces Machines , 'y courroient au moins autant de
rifques que ceux qui navigueroient fur les
mers dont nous parlons.

On obferve que la Machine aéroftatique
d'Annonay , après s'être élevée à une affez
grande hauteur, n'y eft reftée que très-peu
de tems , & eft bientôt retombée par fon
propre poids , parce qu'elle n'a pas pu conferver le gaz qu'elle contenoit en affez grande
quantité pour la foutenir. On remarque que
celle de Verfailles , après s'être élevée à une
moindre hauteur que celle d'Annonay , a eu
précifément le même fort , & que le Ballon
du Champ de Mars après être monté à une
hauteur inconnue , & avoir parcouru un efpace de dix mille toifes , a été déchiré dans
l'air par la rupture d'équilibre entre le reffort
du gaz qu'il renfermoit & celui de l'air qui
l'environnoit , de façon que ces expériences femblent bien plus faites pour effrayer
fur les dangers que courroient ceux qui ofe-
roient fe hazarder à voyager avec de fem-

blables Machines, qu'elles ne font propres à
encourager à en faire ufage.

On obferve de plus que de ces Machines
fi fragiles & qui n'ont pu fe foutenir dans l'air
que fi peu de tems, il n'y avoit que celle de
Verfailles qui fût chargée de quelque poids,
& qu'il eft très-vraifemblable que les autres
auroient encore été bien plutôt endomma-
gées, & fe feroient foutenues bien moins
long-tems, fi on leur eût donné à porter les
poids qu'elles devoient élever.

On ajoute enfin que quand on pourroit
faire ces Machines d'un tiffu affez ferré pour
ne point laiffer échapper le gaz qu'elles con-
tiennent, & affez folide pour réfifter à l'effort
du poids dont on les chargeroit, ou à celui
qu'elles pourroient éprouver par la rupture
d'équilibre entre le reffort du gaz qu'elles renferment & celui de l'air dont elles font en-
vironnées ; encore faudroit-il avoir le moyen
de les diriger à volonté, pour qu'elles puffent
être d'aucun ufage & fervir d'inftrument à une
navigation proprement dite, & on finit par
remarquer que puifque les moyens de diriger
ces Machines font inconnus, & que MM. de

Montgolfier n'en ont donné aucun, l'exergue qui leur attribue la gloire d'avoir rendu l'air navigable, paroît plutôt ressembler à une prophétie ou même à une fanfaronade, qu'être l'expression juste & modeste de la découverte de ces Messieurs.

Cette objection rassemble bien des difficultés & mérite d'autant plus d'être discutée dans toutes ses parties, qu'elle paroît attaquer à la fois & ma sincérité, & la gloire de MM. de Montgolfier.

Je déclare d'abord que loin d'avoir prétendu exagérer dans cette exergue l'importance de la découverte de MM. de Montgolfier, je me reproche au contraire de n'avoir pu en faire assez sentir le mérite ; que je suis intimément persuadé que l'invention des Machines aérostatiques renferme manifestement celle du moyen qui rend possible la navigation dans l'air, & que la possibilité de cette navigation m'a paru être une conséquence simple, directe & immédiate de cette découverte.

Je déclare de plus, que quoique MM. de Montgolfier n'aient fait part au Public d'aucun moyen de conduire à volonté les Machines aéroſtatiques dans l'air , je n'en ſuis pas moins perſuadé qu'ils en connoiſſent de très-bons.

J'ai entendu dire à M. de Montgolfier , qui eſt actuellement à Paris , qu'il ſavoit des moyens de diriger en tous ſens ces Machines , & je le connois pour trop honnête , trop modeſte & trop éclairé , pour avoir le moindre ſoupçon qu'il voulût ſe vanter d'avoir une connoiſſance qu'il n'auroit pas , ou pour craindre qu'il ait pu ſe tromper ſur une matière qu'il doit avoir autant méditée.

Cependant comme MM. de Montgolfier n'ont point encore en effet communiqué au Public leur manière de ſe rendre maître des mouvemens des Machines aéroſtatiques dans l'air , & qu'il s'agit ici de juſtifier mon exergue & ſur-tout ma ſincérité, j'indiquerai les moyens qui ſe ſont préſentés à mon eſprit pour diriger ces Machines , après que j'aurai tâché de répondre aux difficultés qu'on propoſe, relativement à leur peu de ſolidité & d'imperméabilité , & j'attendrai avec grande curioſité que M. de Montgolfier ait enſeigné les moyens qu'il a pour conduire ces Globes , bien perſuadé qu'ils ſeront meilleurs & préférables à tous ceux que j'ai pu imaginer. Revenons s'il vous plaît aux autres parties de l'objection.

Il paroît injuste de décider qu'aucune Machine aérostatique ne peut se soutenir long-tems dans l'air, d'après trois premières expériences, dont deux n'étoient évidemment point faites dans le dessein de les en rendre capables. MM. de Montgolfier n'avoient pour objet, dans l'expérience d'Annonay, que de montrer qu'un corps d'un poids considérable pouvoit s'élever de lui-même dans l'air & y demeurer même quelque tems ; & la matière dont ils avoient fait leur machine, ainsi que le peu de soin qu'ils avoient pris de la rendre propre à conserver le gaz dont elle étoit remplie, prouvent sans réplique qu'ils n'avoient point eu pour but de la rendre propre à rester long-tems suspendue dans l'air, & qu'ils ne pouvoient avoir aucune espérance à cet égard.

La Machine aérostatique de Versailles étoit faite à la vérité, d'une matière plus solide que celle d'Annonay, & ses parties en étoient réunies avec plus de soin ; mais il n'en est pas moins vrai que M. de Montgolfier n'a-

voit point prétendu qu'elle dût se soutenir
long-tems dans l'air , & d'ailleurs la précipitation extrême avec laquelle on fut obligé
de la faire , avoit été cause qu'il y étoit resté
dans le haut quelques défauts , qui en ont
occasionné la rupture.

Cette admirable expérience n'en prouve
pas moins deux choses également importan-
tes : elle démontre d'abord , que ces Machines peuvent non-seulement s'élever d'elles - mêmes , mais qu'elles peuvent encore
enlever avec facilité les poids dont on les
charge , pourvu que ces fardeaux soient dans
une proportion convenable avec le volume
& le poids de la Machine ; cette expérience
sert encore à prouver , que , dans le cas
où il arriveroit quelqu'accident à ces Machines , elles retomberoient assez lentement ,
pour que les hommes qui seroient transportés par elles , ne courussent aucun risque
d'être blessés , & le bon état dans lequel
on a trouvé le mouton , qui étoit suspendu
à cette Machine , ainsi que la tranquillité
avec laquelle il broutoit le foin qui étoit
dans sa cage , sont des signes certains qu'il

n'avoit éprouvé aucune fecouſſe ni aucune incommodité , ſoit en s'élevant , ſoit en retombant.

La Machine aéroſtatique du Champ de Mars étoit faite pour s'élever plus haut & pour ſe ſoutenir en l'air bien plus long-tems que les deux dont nous venons de parler. Pour éprouver le taffetas dont ce Globe étoit compoſé , on en avoit fortement attaché un morceau ſur un récipient découvert , on avoit fait le vuide juſqu'à ce que l'éprouvette fût deſcendue au-deſſous d'un pouce ; on avoit répété cette épreuve un grand nombre de fois , ſans que ce morceau de taffetas parût fatigué , & on s'étoit ainſi aſſuré que cette étoffe étoit d'une force conſidérable & qu'elle étoit abſolument imperméable à l'air. Il ne manquoit , pour avoir en petit une Machine auſſi parfaite qu'on pût la déſirer , que de ſe moins preſſer de jouir de cette expérience , & de donner à l'enduit tout le tems néceſſaire pour ſécher.

Telle qu'étoit cette Machine , elle perdoit peu de l'air inflammable dont elle étoit remplie , & ſi l'on eût exécuté les ordres que vous aviez donnés , & que vous étiez en droit de donner comme chef & syndic des sous-cripteurs , le Ballon se seroit soutenu bien plus long-tems , & l'expérience eût été bien plus instructive qu'elle n'a pu l'être.

Vous aviez prévu , & tous les physiciens étoient en cela d'accord avec vous , que si on remplissoit entièrement le Ballon , une sphère d'un aussi grand diamètre ne pourroit résister à l'expansion de l'air inflammable qu'elle ren-fermoit , quand le ressort de ce gaz ne seroit plus contre-balancé par un air assez dense pour lui opposer une force égale à la sienne. Ce Ballon étant en effet d'une légèreté beaucoup plus grande qu'un volume d'air correspondant au sien , a dû monter à une hauteur , où l'air , à cause de sa grande expansion , n'a pu s'op-poser au ressort du gaz qu'il renfermoit , & où la force de l'étoffe n'a pu résister à son effort ; au lieu que s'il eût été moins rempli , il seroit d'une part monté beaucoup moins haut , & d'un autre côté le gaz ayant de l'es-pace pour s'étendre , n'auroit pu employer sa force à déchirer le Ballon. Il paroit hors de doute que c'est long-tems avant que le Bal-

lon ait pu atteindre jufqu'à fon point d'équilibre , que s'eft faite la rupture qui a occafionné
fa chûte , & qui a privé le Public des connoiffances que le fuccès de cette expérience
eût pu lui procurer.

Si l'expérience eût auffi bien réuffi qu'elle
l'auroit dû , on auroit pu efpérer de favoir à
quelle hauteur le Ballon feroit monté , quel
auroit été le tems qu'il auroit employé à s'é-
lever & à fe fixer à fon point d'équilibre , le
tems qu'il auroit pu fe foutenir avant d'avoir
perdu affez d'air inflammable pour devenir
plus lourd qu'un volume d'air atmofphérique
égal au fien , le chemin qu'il auroit fait pendant cet efpace de tems , les vents qui auroient
régné dans ces régions fupérieures , &c.

C'eft pour obtenir ces réfultats fi intéref-
fans , que vous aviez ordonné le matin en ma
préfence , de ne pas remplir le Ballon plus
qu'il ne l'étoit alors ; mais l'opiniâtreté & la
charlatanerie des gens qui s'étoient emparés
de la Machine , fe font refufées à vos vues.
N'ayant eu d'autre mérite que celui d'avoir
coupé & enduit le Ballon , ils ont abfolument
voulu montrer au Public qu'ils favoient faire.

une boule bien ronde , & ont tout facrifié à
une gloire auffi frivole.

Quoi qu'il en foit , il eft facile d'empêcher
les Ballons qu'on voudroit ainfi abandonner ,
de fe déchirer , quelque légers qu'ils fuffent
& à quelque hauteur qu'ils puffent monter , &
le moyen que vous vouliez employer, qui con-
fiftoit à ne pas remplir entièrement le Ballon ,
eft fimple & fuffifant.

Si on vouloit au contraire remplir exactement ces Ballons , on pourroit y ajufter une
foupape à reffort , par laquelle s'échapperoit
néceffairement le gaz qu'ils renfermeroient ,
quand il viendroit à fe dilater au point de
vaincre la réfiftance du reffort de la foupape ;
mais il faudroit, en ce cas, que cette réfiftance
fût moindre que celle de l'étoffe dont les
Ballons feroient compofés. Il eft évident que
par ce moyen le gaz renfermé dans ce Ballon ne pourroit le déchirer , puifqu'il trouveroit une moindre réfiftance dans le reffort
de la foupape qu'il n'en éprouveroit de la
part de l'étoffe , & il arriveroit alors que lorfqu'il feroit forti du Ballon une affez grande
quantité de gaz , pour que la force de celui qui

y resteroit ne fut pas supérieure à celle de
l'air environnant, le ressort de la soupape
n'étant plus poussé en dehors par une force
plus grande que celle de l'air extérieur, se
rétabliroit de lui-même & refermeroit la soupape, & qu'ainsi la force expansive du gaz
seroit toujours à-peu-près en équilibre avec la
force de l'air , à quelque hauteur que les Ballons fussent transportés.

Si en remplissant exactement ces Ballons ,
on vouloit empêcher encore plus sûrement
qu'ils ne fussent déchirés par l'expansion du
gaz qu'ils renferment, & en prévenir en même-tems toute déperdition , voici un autre
moyen qui répond à ces vues. En attachant au-
dessous du Ballon rempli de gaz , & qu'on
veut abandonner , un Ballon d'une capacité
à-peu-près égale qu'on aura bien privé d'air
atmosphérique , & en établissant une communication libre entre les deux Ballons au moyen
d'un robinet ouvert , on sera sûr que dès que
le ressort du gaz contenu dans le Ballon supérieur sera plus fort que celui de l'air environnant , le gaz passera tranquillement dans
le Ballon inférieur & qu'il remontera ensuite

par fa légéreté dans le Ballon fupérieur ; auffi-
tôt que l'air environnant acquerra une plus
grande force comprimante ; de façon que la
force du reffort du gaz & celle de l'air feront
toujours dans un parfait équilibre , & que le
Ballon n'aura aucun effort à craindre de la
part du gaz qu'il contient.

Au refte , comme mon but principal eft de
prouver la poffibilité de la navigation dans
l'air , & puifque les Ballons , avec lefquels on
navigeroit , ne monteroient point avec un
mouvement auffi rapide que celui du Champ de
Mars , & ne pourroient par conféquent courir le rifque dont il eft queftion , qu'à des
hauteurs fi grandes qu'elles pourroient être
incommodes , ou effrayeroient au moins l'i-
magination des premiers navigateurs ; il eft
inutile d'en dire davantage fur cet article , &
nous allons nous occuper des précautions néceffaires pour garantir les hommes qui voudroient fe hazarder à naviguer dans ce nouvel
élément, de tous les dangers auxquels cette
tentative pourroit les expofer.

Cependant , en obfervant que la Machine
de Verfailles & le Ballon du Champ de Mars

ont été tous deux déchirés dans leur partie
supérieure , & en faisant attention que la partie supérieure des grandes Machines aérostatiques est celle qui fatigue le plus, quand il s'a-
git de les hisser pour les remplir , & qui est
en même temps la plus exposée à l'effort du
gaz qui tend toujours en haut ; il paroît qu'il
seroit prudent de renforcer les parties supé-
rieures de ces Globes , & de s'appliquer sur-
tout à connoître quelles sont les qualités dé-
sirables dans les matières qu'on voudroit employer à la construction de ces Machines.

Il est essentiel pour assurer le succès des
voyages dans les airs , que les étoffes ou les
matières, dont seront composées les Machines
aérostatiques , soient assez fortes pour résister
à l'effort des poids dont elles seront chargées , & quoiqu'il soit à désirer qu'elles soient
légères , il est encore plus important qu'elles
soient solides , parce qu'on peut suppléer à la
légéreté des étoffes en donnant plus de volume aux Machines ; & c'est par conséquent à
fabriquer les étoffes les plus fortes , les plus
souples , les plus légères & les plus serrées
qu'il soit possible , que les ouvriers qui travail-

leront pour les Machines aéroftatiques doivent s'appliquer ; mais à quelque degré de
perfection qu'on porte à cet égard la fabrica-
tion , il paroît bien difficile qu'on puiffe jamais
parvenir à faire des étoffes d'un tiffu affez
ferré , pour qu'elles foient abfolument imperméables , foit à l'air atmofphérique , foit aux
différens gaz fi fubtils , dont les Machines
aéroftatiques peuvent être remplies , fur-tout
quand ces étoffes feront tendues & tirées par
les poids dont ces Globes feront chargés. Il
eft donc vraifemblable que les étoffes , quelles qu'elles foient , auront toujours befoin
d'être peintes pour être employées aux Ballons aéroftatiques , & l'art des vernis va par
cette raifon acquérir un nouveau degré d'importance.

Les vernis propres à enduire les Machines
aéroftatiques , doivent être les plus folides ,
les plus légers , les plus fouples & les plus
inattaquables , foit à l'acide de l'air , foit aux
différens gaz dont ces Machines peuvent être
remplies. Il en exifte d'excellens , & qui ont
toutes ces qualités à un très-haut degré : les
vernis à la gomme élaftique , à la gomme co-

pale & au fuccin , font prefqu'également bons,
& les progrès rapides que les arts font fous
nos yeux , ne laiffent guère lieu de douter
que tous les objets qui entrent dans la compo-
fition des Machines aéroftatiques , ne par-
viennent bientôt à un degré de perfection difficile à être furpaffé. Mais en rendant juftice
à l'induftrie humaine , j'avoue cependant que
je fuis porté à penfer qu'il eft à cet égard un
point auquel les arts ne pourront jamais atteindre , & que les membranes & les peaux
des animaux auront toujours de l'avantage relativement à la force & à l'imperméabilité fur
toutes les étoffes qu'on pourra inventer.

Peut-on croire qu'il exifte jamais une étoffe
auffi fine que cette pellicule de l'inteftin du
bœuf , dont on fait les petits Ballons qu'on
vend maintenant à Paris, & qui foit en même-
tems auffi imperméable , foit à l'air atmofphérique , foit à l'air inflammable? Les veffies des animaux ne font-elles pas d'un ufage
plus fûr pour conferver de l'air , que toutes
les étoffes que l'on pourroit fabriquer ?

Les fables anciennes qui repréfentent les
vents comme renfermés dans des outres , l'u-
fage

fage conftant de tous les ouvriers qui font les Ballons, avec lefquels on joue dans les collèges, & celui des ouvriers qui font les fouflets de toutes grandeurs, ne prouvent-ils pas que de tems immémorial, l'expérience a appris que de toutes les fubftances qui ont quelque foupleffe, la peau des animaux eft la plus propre à conferver l'air qu'on lui confie ?

Ce que nous venons de dire de l'imperméabilité des peaux, comparée à celle des étoffes, peut avec autant de raifon fe dire de leur force. On ne connoit aucune étoffe qui, à épaiffeur égale, foit capable d'autant de réfiftance qu'un cuir bien tanné, & l'on peut remarquer tous les jours, que lorfque les marchands veulent vanter la force d'une étoffe, ils la comparent à celle du cuir par une efpèce d'exagération.

Toutes ces raifons m'induifent à croire que c'eft principalement fur les peaux des différens animaux que l'induftrie devroit s'exercer pour les Machines aéroftatiques au point de perfection dont elles font fufceptibles ; & comme, malgré toutes les qualités que nous venons de lui reconnoitre, le cuir a le défaut

d'être pesant, c'est donc à lui ôter cette im-
perfection qu'on devroit fur-tout s'appliquer ;
& l'on peut prédire fans crainte, que la nation qui trouvera le moyen de rendre les cuirs
plus fouples & plus légers, en confervant
leur force, fera celle qui tirera les plus grands
avantages des Machines aéroftatiques.

Au refte, je ne veux point finir cet article
fans rendre compte d'une idée ingénieufe de
don Gauthey, qui peut être de quelque utilité,
& qui trouve ici fa place très-à-propos.

Il pourroit peut-être arriver qu'on trouvât
un jour quelque matière folide & fans foupleffe qui feroit préférable au cuir même pour
la conftruction des Machines aéroftatiques, &
l'on fent qu'il feroit alors impoffible de les
tordre ou de les comprimer pour en faire
fortir l'air commun qu'elles contiendroient,
avant de les remplir du gaz dont on voudroit
les animer. Dans ce cas, don Gauthey propofe d'introduire dans le Ballon inflexible
un autre Ballon d'un volume égal & d'une
étoffe très-mince & très-fouple, telle que
feroit du taffetas gommé, & qui feroit bien
tordu, & par conféquent bien privé d'air.

(113)

Il veut enfuite , qu'après avoir fait un petit
trou au Ballon extérieur , ou y avoir pofé un
petit robinet qu'on laiffera ouvert pour en
laiffer échapper l'air , on lie fortement les
deux Ballons au robinet , par lequel on intro-
duira le gaz dans le Ballon intérieur & flexi-
ble. De cette manière , le gaz en remplif-
fant & en gonflant ce fecond Ballon , obli-
gera tout l'air contenu dans l'autre à s'échapper par l'ouverture qu'on y aura faite à ce
deffein : le Ballon intérieur étant d'un volume égal à celui du premier Ballon , celui-ci
fe trouvera entièrement rempli de gaz , &
tout-à-fait privé d'air atmofphérique ; & bou-
chant enfuite le petit trou , ou fermant le
petit robinet , on aura un Ballon folide , exactement rempli de gaz , & privé de l'air commun qu'il contenoit.

Ainfi , après avoir tâché d'indiquer la manière de conftruire des Machines aéroftatiques
folides , & avoir pourvu autant que nous le
pouvions à la fûreté des hommes qui s'en
ferviroient , nous allons nous occuper des
moyens qui nous ont paru propres à diriger
ces Machines , après avoir cependant dit un

mot dés différens gaz qu'on peut mettre en usage pour leur donner de l'activité.

L'étude des gaz est assez nouvelle, & la science n'en est par conséquent point encore fort étendue. On connoissoit quelques gaz alkalins plus légers que l'air , & il paroit que M. de Montgolfier emploie quelques matières alkalines pour former le sien. Ce gaz , par la modicité de son prix & par la facilité aussi bien que par la promptitude avec laquelle il est produit , a sous ce rapport des avantages infinis sur tous les autres , & l'expérience de Versailles en fut une preuve évidente. C'étoit une chose véritablement admirable , & qui sembloit tenir du prodige , que de voir une toile qui servoit de tapis à un échaffaud , s'enfler graduellement par une cause invisible , & présenter ensuite en sept minutes de tems aux yeux de cent cinquante mille spectateurs , une espèce de Globe d'une forme & d'une grandeur majestueuse , qui s'éleva enfin de lui-même à la hauteur de 300 toises avec tranquillité ; & quand on venoit à apprendre que la cause d'un phénomène aussi imposant n'étoit due qu'à la combustion de 50 livres de paille & de 5 livres de poussière de laine ; la surprise qu'il avoit causée étoit encore plutôt accrue que diminuée.

Cependant quelqu'admirables que soient les effets de ce gaz , comme il n'est point encore assez bien connu , & qu'on ignore à quel point il peut être irréductible , je m'abstiendrai d'en parler , & je laisserai au temps & à l'expérience à faire juger de son mérite.

Les meilleurs gaz à employer dans les Machines aérostatiques , seront toujours les plus légers , les plus irréductibles , les plus inaltérables , les plus faciles à faire , & qui pourront être produits le plus promptement & au prix le plus vil. C'est sans doute à la recherche de pareils gaz que la chimie va s'occuper & soumettre, pour y réussir , toutes les substances de la nature , seules & combinées à tous les degrés de feu & à tous les procédés dont elle pourra faire usage ; & si la nature lui en refuse de plus parfaits que ceux que nous connoissons , il faut au moins espérer qu'elle réussira à rendre plus facile en grand la manipulation de ceux qui sont déjà trouvés.

L'air inflammable que vous aviez indiqué

pour remplir le Ballon du Champ de Mars,
eſt, de tous les gaz connus, le plus léger; il
n'eſt réductible que par l'inflammation, &
il eſt inaltérable au point d'avoir été conſervé
des années entières dans des vaiſſeaux de verre,
ſans avoir été détérioré. Mais ce gaz ſi parfait
d'ailleurs, a le défaut d'être un peu cher &
d'une manipulation aſſez difficile en grand.
A l'égard de la manipulation, il ſemble qu'on
ait déjà fait quelques progrès, & l'appareil
dont on s'eſt ſervi dans une expérience que
vous avez faite depuis peu, rend l'introduction de cet air plus facile & moins dangereuſe
pour le Ballon.

On doit ſe flatter de même, qu'une ſubſtance auſſi commune, & que la nature & les
arts nous offrent à l'envi, deviendra bientôt
à vil prix. On ſait que la fermentation putride
en produit beaucoup, que les eaux croupiſ-
ſantes & les marais en fourniſſent en abondance, & que dans les manufactures de vitriol
martial, on laiſſe évaporer tout celui qui s'y
forme : il paroît donc impoſſible que ce gaz
ne diminue pas de valeur, quand on s'occupera à l'aller chercher dans les magaſins im-

menfes que la nature nous en préfente ; &
que dans les atteliers où il s'en perd journelle-
ment des quantités confidérables , on fongera
à le conferver. Il eſt même à préfumer , ſi
l'air inflammable eſt le gaz qu'on préfère pour
remplir les Machines aéroſtatiques , que lorfque l'ufage de ces Machines fera devenu commun , il s'établira des marchands qui en feront commerce , & qui en auront des magaſins , de façon qu'on n'aura plus la peine de
le manipuler foi-même , & que cet air étant
chez les marchands , renfermé dans des outres , on pourra remplir les Machines aéroſtatiques , quelque grandes qu'elles foient ,
fans le moindre embarras.

J'ignore en effet ſi l'on s'eſt affuré que l'air
inflammable des marais eſt de la même légèreté que celui qui eſt produit par la diffolution du fer par l'efprit de vitriol : on dit
celui tiré du zinc encore plus léger ; mais
comme celui qui eſt produit par la diffolution
du fer , eſt plus connu & plus éprouvé que
les deux autres, j'avertis que c'eſt avec cet
air que je fuppoferai remplie la Machine aéroſtatique que je vais tâcher de diriger.

H iv

Il seroit à souhaiter sans doute qu'on pût se passer de tous ces gaz , quelque bons qu'on les suppose , & qu'il fût possible de faire avec un métal quelconque , des Globes qui , sans être d'une grandeur démesurée , & étant assez solides pour supporter un vuide intérieur absolu , fussent pourtant assez légers pour peser moins que le volume d'air qu'ils déplaceroient , quand on auroit pompé celui dont ils seroient remplis. De telles Machines seroient certainement plus solides & plus imperméables qu'aucune de celles qu'on pourroit faire avec la meilleure étoffe ou le meilleur cuir , & seroient aussi bien plus faciles à diriger verticalement que celles qui seroient pleines du meilleur gaz , puisque pour les faire plus ou moins monter ou descendre , il suffiroit d'y laisser rentrer ou d'en faire sortir plus ou moins d'air. Mais il est dans presque tous les arts un point de perfection auquel on tend , & dont on approche toujours sans pouvoir l'atteindre ; & ce que je propose ici est peut-être le point de perfection auquel les construc-teurs de Machines aérostatiques ne parvien-dront jamais. Essayons donc de conduire des

Machines aéroftatiques remplies d'air inflammable, auffi parfaites qu'on puiffe les exécuter, ou qu'on puiffe au moins raifonnable-
ment les efpérer.

J'avertis encore que fi je fuppofe mes Machines remplies d'air inflammable, ce n'eft
point que je prétende lui donner la préférence
fur le gaz de MM. de Montgolfier, & que c'eft
uniquement parce que je le connois davantage.
D'ailleurs, tout ce que je dirai des Machines
remplies d'air inflammable, pourra s'appliquer, avec les changemens néceffaires, à
celles qui feroient animées par le gaz de MM.
de Montgolfier.

Je vous demande pardon, Monfieur, d'entrer dans tous ces détails dans une lettre qui
vous eft adreffée; je fais combien ces matières
vous font familières, & fur tout ce qui y a rapport, je me ferois affurément gloire de prendre de vos leçons ; mais puifque vous voulez
bien publier cette lettre à la fuite du Précis
hiftorique que vous donnez de cette découverte, j'ai cru que, pour prouver la vérité
de la penfée de l'exergue que vous avez bien
voulu adopter, il falloit ne rien oublier de ce

qui pouvoit montrer que la navigation dont il
s'agit étoit non-feulement praticable , mais
encore qu'on pouvoit efpérer qu'elle ne feroit
ni très-difficile, ni très-périlleufe , & j'ai penfé
que bien des perfonnes , pour qui ces matières font abfolument nouvelles , me pardon-
neroient d'être entré , en en parlant , dans
plus de détail que je ne m'en permettrois fur
des fujets qui auroient été traités par d'autres,
& qui feroient par conféquent plus connus.

Avant de fonger à diriger en tout fens une
Machine aéroftatique , il faut d'abord s'occuper des moyens de la faire parvenir à la hauteur où on défire de la porter , & de la mettre en parfait équilibre avec la couche horizontale d'air dans laquelle on fe propofe de
naviger. J'indiquerai enfuite les moyens que
je crois propres à la faire monter ou defcendre
à volonté , après quoi je tâcherai de la faire
mouvoir horizontalement en tout fens , & il
fera facile de comprendre que fi je réuffis à
lui imprimer ces deux mouvemens, on pourra,
en les combinant , diriger cette Machine felon tous les plans poffibles obliques à celui de
l'horizon.

Je suppoferai donc que la Machine aérof-
ratique fur laquelle je veux m'embarquer, eft
très-grande, & capable d'élever des poids
confidérables; qu'elle eft très-folide, & qu'elle
ne perd rien, ou ne perd qu'infiniment peu
de l'air inflammable qu'on lui confie. J'y pla-
cerai deux robinets, l'un en haut, & l'autre
en bas, & je la fuppoferai garnie de quelques
échelles de corde, par le moyen defquelles
deux hommes puiffent monter jufqu'au robinet fupérieur. Ce robinet étant fermé, je rem-
plirai cette Machine par le robinet inférieur
dans une proportion convenable, & fi je pré-
vois que je doive m'élever très-haut, j'atta-
cherai en bas un autre Globe plus petit, avec
lequel je laifferai à ma Machine une communication libre pour prévenir un accident pareil à celui qui eft arrivé au Ballon du Champ
de Mars.

Cette Machine étant remplie autant que je
le défirerai, je la chargerai d'un poids un peu
plus pefant que celui qu'elle peut enlever : ce
poids confiftera en un bateau d'une conftruction très-légère, fur lequel j'embarquerai les
hommes qui voudront naviger avec moi, &

ce qu'il faut pour notre voyage. Le fond de
ce bateau fera rond en dehors & en dedans ,
repréfentant un tonneau qui tiendroit toute la
longueur du bateau ; & quoique le refte du
bateau doive être conftruit très-légèrement ,
le fond , ou cette efpèce de tonneau dont j'ai
parlé , doit être fait avec la plus grande exactitude , & folide au point de fupporter qu'on
y faffe , felon le befoin , ou un vuide intérieur
abfolu , ou qu'on y condenfe l'air jufqu'à le
faire pefer au moins le double de celui de l'atmofphère.

Je laifferai le fond de mon bateau plein
d'air ordinaire ; j'embarquerai quelques tonneaux auffi folides que le fond de mon bateau ,
qui feront abfolument privés d'air , & quelques autres remplis d'air inflammable ; je pren-
drai de plus avec moi quelques flacons d'huile
de vitriol , & j'acheverai le refte de mon left
avec une quantité de limaille de fer beaucoup
plus que fuffifante pour faturer l'huile de vitriol que j'aurai embarquée.

Les chofes ainfi préparées , je fongerai à
mon départ , & j'obferverai de ne partir que
quand le baromètre fera au terme moyen de

ſes variations, c'eſt-à-dire, à-peu-près à vingt-
huit pouces.

Je commencerai par jeter une partie de
la limaille de fer ſuperflue que j'ai embarquée,
juſqu'à ce que je ſois à flot, c'eſt-à-dire, juſqu'à ce que j'aie perdu terre ; & continuant
ainſi à en jeter peu-à-peu, je m'éleverai inſenſiblement juſqu'à ce que je ſois en équilibre
avec la couche d'air à laquelle je veux me fixer ;
& l'on remarquera que je monte ſans aucune
ſecouſſe & ſans aucun riſque, & que j'arrive
à la hauteur ſouhaitée avec la préciſion qu'un
grain de limaille de fer jeté de plus ou de moins
peut procurer.

Arrivé à cette hauteur, je n'aurai guère,
dans un voyage ordinaire & dans un tems calme, aucune raiſon de déſirer de monter, ni
de deſcendre. L'air étant à ſon terme moyen
de peſanteur quand j'ai quitté terre, quelques
changemens que le baromètre puiſſe enſuite
indiquer dans cette peſanteur, les couches
d'air avec leſquelles ces changemens me met-
tront en équilibre, ne pourront être fort éloignées de celle où je me ſerai placé d'abord ;
& il doit m'être aſſez indifférent de naviger à

quelques toifes plus haut ou plus bas de la hauteur à laquelle je ferai monté en commençant
mon voyage.

Je réferverai donc les moyens que j'ai de
m'élever ou de defcendre pour quelque occafion importante , & il peut s'en préfenter deux
de ce genre.

Premièrement je puis être incommodé par
le vent à la hauteur où je me trouve , & défirer par conféquent d'en changer. Je me ré-
ferve de parler du parti qu'il faut prendre dans
cette circonftance , quand j'indiquerai les
moyens qu'on peut employer pour diriger horizontalement les machines aéroftatiques.

Secondement je puis être obligé de paffer
par-deffus quelque haute montagne ; & c'eft
ici la chofe la plus difficile dans cette forte de
navigation. En effet , les montagnes font à
la navigation dont nous parlons , ce que les
caps font dans la navigation ordinaire ; & l'on
fait combien quelques-uns ont été ancienne-
ment , & combien quelques autres font encore aujourd'hui , difficiles à doubler.

Si je prévoyois que dans le cours de mon
voyage, je n'euffe qu'une feule haute montagne

à franchir, je pourrois fans doute me charger,
en partant, de quelque poids inutile dont je
me déchargerois pour paffer par-deffus cette
montagne, comme j'ai jeté la limaille de fer
pour me porter à la hauteur à laquelle je vou-
lois me placer ; mais comme on ne pourroit
répéter ce moyen, & que je pourrois avoir
plufieurs obftacles femblables à furmonter,
& puifque d'ailleurs on peut, pour d'autres
raifons, avoir befoin de monter & de defcendre pendant le cours d'un voyage, il vaut
mieux chercher des manières de s'élever ou
de s'abaiffer, dont on puiffe faire ufage auffi
fouvent que le befoin exigera de les employer.

Il me paroît qu'on ne peut trouver que deux
moyens phyfiques pour faire monter ou defcendre à volonté les Machines aéroftatiques ;
mais je crois qu'on peut encore fe fervir d'un
moyen méchanique capable d'augmenter l'effet des deux autres ; & je parlerai dans l'inftant de ce dernier moyen, quand il fera queftion de diriger horizontalement ces Machines.

Les deux moyens phyfiques qui peuvent
faire monter ou defcendre les Machines aérof-

ratiques, se rencontrent dans les deux seuls fluides desquels on puisse disposer, quand on est transporté par ces Machines; je veux parler de l'air dans lequel on navige, & du fluide qui anime la machine qui vous transporte.

Pour monter il faut, ou diminuer la pesanteur du fardeau à élever, ou augmenter la force élevante de la Machine, & il doit être quelquefois nécessaire d'employer ensemble l'un & l'autre de ces moyens, quand on veut s'élever à une hauteur beaucoup plus grande que celle où l'on se trouve.

Si j'ai besoin de m'élever, je commencerai donc par pomper l'air dont est plein le fond de mon bateau, & je diminuerai ainsi le poids du bateau de celui de cet air que j'aurai pompé. Si cette manœuvre est insuffisante pour m'élever aussi haut que je le veux, je pomperai tout ou partie de l'air inflammable que j'ai embarqué dans des tonneaux, je l'introduirai dans ma Machine par le robinet inférieur; & mes tonneaux se trouvant absolument vuides, j'aurai donc par l'introduction de cet air, augmenté la légèreté relative de ma Machine, & diminué encore le poids de mon bateau de ce-

lui

lui de l'air inflammable qui étoit dans mes
tonneaux. Ce moyen devroit suffire seul pour
m'élever à la plus grande hauteur ,* puisque je
suis le maître d'embarquer avec moi toute la
quantité d'air inflammable qui peut m'être nécessaire ; & que pour qu'il tienne moins d'espace , je puis même le fouler & le condenser
dans quelques-uns de mes tonneaux. Cependant si la quantité d'air inflammable que j'avois
embarqué ne suffit pas encore pour donner à
ma Machine la force de s'élever assez haut ,
alors , avec l'esprit de vitriol & la limaille de
fer que j'ai dans mon bateau , je ferai de l'air
inflammable , & je l'introduirai encore dans
ma Machine ; & s'il me restoit quelque petite
hauteur à gagner , je jetterois à terre le résidu
de la dissolution de la limaille par l'acide
qui me deviendroit inutile ; & en soulageant
encore mon bateau de ce poids , & en ajou-
tant à tous ces moyens la force méchanique
dont il me reste à parler , il faudroit que la
hauteur à laquelle je veux m'élever, fût à une
distance verticale , immense de celle dont je
pars , pour que je ne pusse pas l'atteindre.

Tous les effets de ces divers moyens sont

calculables selon les différentes suppofitions
qu'on voudra faire ; mais il me femble, par un
fimple apperçu , que la réunion de ces moyens
doit porter une Machine aéroftatique à la plus
grande hauteur où l'on puiffe avoir befoin de
la faire monter , fur-tout fi l'on réfléchit que
quelqu'un qui prévoit qu'il lui fera néceffaire
de s'élever extraordinairement haut, commen-
cera par s'établir à une hauteur affez grande,
pour qu'il ne lui foit point enfuite impoffible
d'atteindre celle à laquelle il veut enfuite fe
porter.

Après m'être élevé auffi haut, & avoir fran-
chi un pas auffi difficile , il faudra defcendre ;
& cette marche eft bien plus facile , au moins
eft-on toujours plus fûr de defcendre auffi bas
que l'on veut , que de s'élever à la hauteur
qu'on defire , fi cette hauteur eft extrême.
Je commencerai donc pour defcendre , par
condenfer l'air dans le fond de mon bateau ;
on peut , plus commodément vuider la Machine & remplir les tonneaux par le robinet
inférieur , au moyen d'une pompe afpirante &
foulante ; & le robinet fupérieur ne doit fervir que pour vuider promptement la Machine,

lorfqu'on eſt preſſé de deſcendre ; & faiſant redeſcendre dans le bateau les tonneaux à meſure qu'ils feront remplis d'air inflamma- ble , je diminuerai par ce moyen la légèreté relative de ma Machine , & j'augmenterai le poids de mon bateau de celui de l'air inflam- mable que j'aurai introduit dans les tonneaux. Si cette manœuvre ne me fait deſcendre aſſez bas , je pourrai condenſer mon air inflamma- ble dans pluſieurs tonneaux , afin qu'il m'en reſte quelques-uns de vuides , dans leſquels après avoir laiſſé entrer l'air atmoſphérique , je pourrai l'y condenſer pour augmenter en- core le poids de mon bateau , & le faire ainſi deſcendre auſſi bas que je le déſire.

J'aurai donc conſervé tout mon air inflam- mable , & je pourrai par conſéquent m'élever encore à une hauteur égale à celle où je me ſuis porté précédemment , & ſi j'ai perdu pour deſcendre , le poids de la limaille de fer & de l'eſprit de vitriol que j'avois embarqué , on voit que j'y ai ſuppléé par celui de l'air con- denſé que j'ai fait entrer dans des tonneaux qui étoient auparavant abſolument vuides.

Cependant ſi je m'apperçois que ma Ma-

chine ait laiffé échapper du gaz qu'elle contenoit , & que je craigne par cette raifon que
l'acide & la limaille que j'ai perdus ne viennent à me manquer , alors ouvrant peu-à-peu
le robinet fupérieur de la Machine , j'en laiffe
échapper autant de gaz qu'il faut pour la faire
defcendre tranquillement ; je mets alors doucement à terre , & je vais me pourvoir de ce
dont je crois avoir befoin pour continuer ma
route.

On voit donc qu'il eft très-facile de faire
monter & defcendre les Machines aéroftatiques , quand les hauteurs auxquelles on veut
les porter , ne font pas infiniment diftantes
les unes des autres , & qu'il eft même poffible
de leur faire parcourir , en montant & en
defcendant , une ligne verticale affez grande
pour fournir à tous les befoins de cette efpèce
de navigation. Voyons maintenant s'il fera
plus difficile de les diriger horizontalement ,
& terminons ce qui nous refte à dire pour juftifier notre exergue.

En partant du principe , que tout corps en
équilibre avec le fluide dans lequel il eft fufpendu n'a nulle pefanteur , on doit fentir que

la moindre force fuffit pour le mouvoir dans
ce fluide dans le fens horizontal felon lequel
elle agit , fur-tout fi ce fluide a peu de denfité
& de tenacité. Ma Machine aéroftatique étant
toujours en équilibre avec la couche d'air dans
laquelle elle fe fixe , il fuffira par conféquent
d'une force infiniment petite pour la mouvoir ,
& pour diriger fon mouvement dans tous
les fens que l'on voudra dans le plan horizontal de cette couche.

J'ajufterai donc à mon bateau des rames
larges & légères , faites fi l'on veut , avec de
larges bandes de fort parchemin , & difpofées
proportionnellement au nombre des hommes
dont je pourrai employer les forces. C'eft
avec ces rames que je compte diriger horizontalement mon bateau dans un tems calme , &
je ne crois pas qu'il foit à craindre que je ne
puiffe pas y parvenir par leur moyen.

Quand on réfléchit fur le vol des oifeaux ,
peut-on s'empêcher de penfer qu'il faut que
l'air ait un reffort qui réagiffe avec une force
extrême , quand il a été tendu & comprimé
par un mouvement un peu violent ? Comment
fans cela pourroit-on concevoir que les oifeaux

en le frappant avec leurs aîles , puſſent non-
ſeulement diriger , mais encore ſoutenir &
élever dans ce fluide un corps mille fois plus
peſant que lui ; or , ſi le mouvement qu'im-
priment à l'air les aîles des oiſeaux eſt capable
de produire cet effet étonnant , comment
pourroit-on douter que le mouvement de nos
rames ne pût diriger un corps dont la peſanteur eſt nulle , & qui n'oppoſe ainſi aucune
réſiſtance au mouvement horizontal qu'on lui
imprime ?

La nature nous indique elle-même quelle
eſt la grande différence entre la force qu'il
faut employer pour faire mouvoir dans un
fluide un corps beaucoup plus peſant que lui ,
& celle qui ſuffit pour y faire mouvoir un corps
dont la peſanteur approche de celle du fluide
dans lequel il eſt plongé ; & la différente ſtruc-
ture des animaux qui ſont dans ces rapports
différens de peſanteur avec le fluide dans lequel
ils ſe meuvent, en eſt, ſi l'on peut ainſi parler,
une *démonſtration naturelle.*

Les oiſeaux ſont , comme on l'a dit, à-peu-
près mille fois plus peſans que l'air , & la
peſanteur des poiſſons eſt preſqu'égale à celle

de l'eau ; la nature en conséquence a donné
aux oiseaux un très-petit corps & de très-grandes ailes, tandis qu'elle a formé les poissons
avec de très-gros corps & de petites nageoires : encore les naturalistes ont-ils attribué une
force prodigieuse aux muscles des ailes des oiseaux, tandis qu'ils ne disent rien de sembla-
ble de celle des nageoires.

Ces nageoires, toutes petites qu'elles sont,
suffisent cependant pour faire mouvoir les poissons, non-seulement dans toutes les directions
horizontales, mais il paroît même certain
qu'elles suffisent encore à les faire monter &
descendre dans l'eau avec une grande vîtesse ;
& quoique les poissons, quand ils ne sont agi-
tés par aucune passion, puissent peut-être monter ou descendre lentement dans l'eau par la
compression ou par la dilatation seules de leurs
vessies, il ne faut qu'observer la manière dont
ils montent ou descendent en certaines occasions, pour être sûr que ces mouvemens n'ont
point pour cause le plus ou le moins de volume
qu'ils donnent à leurs corps, & qu'ils sont au
contraire l'effet de l'action seule de leurs nageoires, aidée par celle de leur queue.

I iv

Si le mouvement des poissons , en montant
& en descendant , étoit produit par le plus ou
moins de volume que leur vessie est supposée
leur donner , ce mouvement suivroit les loix
auxquelles sont assujettis tous ceux qui sont
l'effet de la pesanteur. Il seroit très-lent dans
les premiers instans , & augmenteroit de vitesse à mesure qu'il seroit continué ; & l'on
voit au contraire , dans une eau claire , les
poissons s'élancer & partir avec vitesse du fond
de l'eau , pour venir à la surface chercher le
pain qu'on leur jete , comme on les voit se précipiter au fond de l'eau , lorsque quelque objet
leur fait peur à la surface.

Il paroît donc qu'il peut rester pour cons-
tant qu'indépendamment de la compression
ou de la dilatation de leurs vessies, les poissons
montent & descendent dans l'eau par la seule
action de leurs nageoires ; & l'air dans lequel
est suspendue notre Machine, ayant beaucoup
moins de densité & de tenacité que l'eau dans
laquelle nagent les poissons , il doit donc à
plus forte raison paroître certain que les rames
dont nous avons garni notre bateau , sont
suffisantes pour lui faire exécuter non-seule-

ment tous les mouvemens horizontaux qu'on
peut défirer ; mais encore pour le faire monter ou defcendre d'une certaine quantité ,
felon la force & la direction qu'on donnera
à leur mouvement. Et tel eft le méchanifme
dont nous avons parlé , & que nous avons dit
devoir aider les deux moyens phyfiques que
nous avons précédemment employés, pour
faire monter & defcendre notre bateau.

Après avoir ainfi propofé les moyens de
diriger verticalement & horizontalement les
Machines aéroftatiques , & par conféquent de
leur faire auffi parcourir tous les plans poffibles , obliques à celui de l'horizon , il fem-
bleroit que ma tâche eft remplie , & que j'ai
fuffifamment juftifié l'exergue qui m'a engagé
dans cette difcuffion ; mais je n'ai point oublié
que j'ai fait jufques ici abftraction du vent , &
je ne prétends point diffimuler qu'il doit jouer
un grand rôle dans la navigation dont il s'agit.
Nous allons donc nous en occuper maintenant,
& examiner quels obftacles il peut nous oppofer , quels dangers il peut nous faire courir ,
& quels fecours il peut auffi nous prêter.

S'il eft facile de diriger les Machines aéroftatiques dans un tems abfolument calme, il paroît qu'il doit être extrêmement difficile de les gouverner auffitôt que l'air vient à être agité. Le volume des Machines capables d'élever des poids confidérables, doit être immenfe; le vent doit donc exercer fur elles un empire proportionné à cette immenfité, & les poids qu'elles peuvent enlever, quelque confidérables qu'on les fuppofe, femblent offrir des reffources bien foibles pour pouvoir oppofer des forces fuffifantes à une puiffance qui paroît auffi irréfiftible.

C'eft en cela que me femble effectivement confifter la grande difficulté de cette efpèce de navigation, & je ne me flatte pas affurément de la lever entièrement, c'eft à quoi de longues méditations & une expérience encore plus longue pourront un jour parvenir. Dans tous les ouvrages de l'induftrie humaine, ainfi que dans ceux de la nature, il eft un point de maturité que le tems feul peut amener, & il eft impoffible qu'un art qui n'eft pas encore ébauché, foit capable, en commençant, de furmonter tous les obftacles que la nature femble lui oppofer.

Quand on se rappelle combien la navigation maritime est ancienne, & combien ses progrès ont été lents ; & quand on considere en même-tems combien les naufrages, si fréquens sur les côtes, & qui ne sont même que trop communs en pleine mer, prouvent que cet art a encore besoin d'être perfectionné, on ne peut exiger sans doute que la navigation dont il est ici question, puisse à son début atteindre à une perfection dont la navigation maritime est encore si éloignée.

Voyons cependant comment on peut affoiblir la difficulté que je me suis proposée, comment si l'on ne peut la résoudre, on peut au moins, en bien des cas, l'éluder, & tâchons de montrer qu'il est même très-vraisemblable que ce qui paroît nous présenter d'abord un obstacle insurmontable dans cette navigation, doit un jour, par les secours réunis de l'art & de la nature, contribuer à son succès & à sa sûreté.

La puissance du vent doit sans doute être très-grande sur les Machines aérostatiques ; aussi ne faut-il pas espérer qu'on puisse avec les secours des rames, surmonter la force d'un vent abfolument contraire & violent. Il faut donc imiter les marins qui fe gardent bien de partir dans telles circonftances , & attendre comme ils font , que le vent change & fe foit appaifé.

Si le vent , fans être tout-à-fait favorable , n'eft pas abfolument contraire , & s'il eft en même-tems modéré , alors il faut encore imiter la manœuvre qu'on emploie fur mer , & fi l'on ne peut pas aller droit à fon but , il faut louvoyer , & il eft très-vraifemblable qu'en fe fervant bien de fes rames, on pourra, quoique par une navigation plus longue , atteindre cependant le terme qu'on s'eft propofé.

Il femble qu'il eft naturel de fuivre pas à pas l'exemple des hommes , qui les premiers fe font hafardés à naviguer fur la mer , & que dans les commencemens, il feroit prudent de ne s'éloigner ainfi qu'ils faifoient , que le moins qu'on pourroit de terre , de ne pas entreprendre de longs voyages , & de ne partir qu'avec un vent favorable.

Si le vent venoit à changer pendant le cours de la navigation , ou fi le tems devenoit orageux , on devroit mettre à terre , comme

le pratiquoient encore les premiers navigateurs , & ne fe rembarquer que quand le beau
tems & un bon vent y engageroient.

Avec ces précautions on courroit peu de
danger , on s'appliqueroit chaque jour à étudier l'élément dans lequel on navigeroit , les
périls auxquels il expofe & les reffources qu'il
peut offrir , & on fe hafarderoit peu-à-peu davantage.

Mais quand une plus longue expérience auroit donné des connoiffances plus fûres & plus
étendues , & qu'on fe feroit tout-à-fait fami-
liarifé avec ce que cette navigation a d'abord
d'effrayant pour l'imagination , alors l'audace
fuccéderoit à la timidité , on pourroit tenter
des entreprifes auffi étonnantes dans leur
genre , que celles que les marins exécutent de
nos jours , & on auroit , pour les mettre à fin,
des moyens qui manquent à nos plus grands
hommes de mer.

Il faut obferver que lorfqu'on navige fur la
mer , on eft obligé pour faire route , de fe
fervir du vent qui régne à fa furface , tandis
que ceux qui navigeroient dans l'air, auroient
à choifir dans fa profondeur les vents qui

pourroient leur convenir ou les couches d'air qui ne seroient point agitées.

Les vents sont dans l'air, ce que les courans sont dans la mer, & il est certain que dans ce dernier élément il existe des courans différens à des profondeurs différentes. On en connoit plusieurs exemples, & on en a trouvé entr'autres, dans le détroit de Gibraltar deux absolument contraires placés l'un au-dessus de l'autre, & de l'existence desquels on s'est assuré par des moyens très-ingénieux.

Il est également certain que la même différence entre les courans à des profondeurs différentes, existe dans l'air, & il est même impossible que la chose soit autrement, puisque dans tout fluide, qui par sa nature tend au niveau, & à se mettre en équilibre avec lui-même, il faut bien que des courans affluans viennent perpétuellement remplacer le fluide qui est emporté par un autre courant.

Au reste, tous les physiciens qui ont écrit sur les vents, sont d'accord en ce point. Il n'en est aucun qui ne tâche de deviner quels sont les vents qui régnent le plus constamment à différentes hauteurs dans les différentes

régions de la terre , & qui ne s'efforce d'ap-
puyer son opinion sur des raisons plus ou moins
plausibles.

On a d'ailleurs tous les jours sous les yeux
des exemples de ce phénomène. Il est très-
commun de voir des nuages élevés à différentes hauteurs , aller dans des sens différens.
On voit souvent les girouettes indiquer un
courant dans l'air , & la direction du mouvement des nuées en indiquer un autre ,
& il ne faut même que faire attention à ce
qui se passe dans un jardin dans lequel on
brûle des feuilles , pour observer quelquefois
trois vents différens à des hauteurs différentes , & qui sont indiqués par les directions diverses de la fumée des feuilles , des
girouettes & des nuées.

D'après ces réflexions & ces exemples , on
ne peut guère douter qu'en s'élèvant à différentes hauteurs , on ne trouvât quelque part
des vents favorables & propres à faire parvenir au terme que l'on se feroit proposé , &
comme on a d'ailleurs des moyens de monter
& de descendre à volonté très-faciles , la
force du vent & la puissance qu'il exerce sur

les Machines aéroftatiques , loin d'être toujours un obftacle , paroît plutôt devoir devenir un jour un fecours affuré dans la navigation qui nous occupe.

S'il arrivoit cependant quelquefois que dans
les diverfes hauteurs , auxquelles on fe porteroit , il ne fe trouvât pas un vent affez favorable pour qu'on voulût fe laiffer guider
par lui & fuivre précifément fa direction , outre qu'on pourroit alors , ainfi que nous l'a-
vons dit précédemment , louvoier par le
moyen de fes rames & parvenir ainfi, quoique
plus lentement , à fon but , il exifte encore
dans ce cas une autre reffource auffi fûre &
plus commode que nous allons indiquer.

Entre deux courans d'un fluide , l'un fupérieur & l'autre inférieur , qui ont des directions différentes , il fe trouve toujours une
couche plus ou moins large de ce fluide , qui
ne participe ni de l'une ni de l'autre des directions de ces courans , & qui eft abfolument
tranquille. C'eft une loi qu'on a vu conftamment obfervée dans la mer entre les courans
fupérieurs & inférieurs qu'on y a reconnus ,
& qu'on auroit pu vérifier avec encore plus

de

de facilité entre les courans supérieurs & inférieurs de l'air, si l'on avoit eu quelqu'intérêt
à s'en assurer.

Je me rappelle à ce sujet, que dans un mémoire excellent, relatif à l'électricité, que lut
le docteur Franklin à une rentrée de l'académie des sciences, cet homme célèbre à tant
de titres, indiqua une expérience qu'il avoit
faite, & qui a un rapport immédiat à l'objet
dont il est ici question.

Il y parloit, à ce qu'il me semble, de
deux chambres, dans l'une desquelles l'air
étoit plus échauffé que dans l'autre, & entre
lesquelles on ouvrit une porte de communication; on plaça dans l'ouverture de cette porte
trois bougies allumées une au haut, une autre
au bas & la troisième au milieu de la hauteur
de l'ouverture. On vit aussi-tôt s'établir deux
courans d'air, l'un supérieur & l'autre inférieur, qui avoient des directions opposées.
L'air de la chambre la plus échauffée passoit
dans la chambre la plus froide par le haut de
l'ouverture de la porte, & chassoit la flamme
de la bougie la plus élevée du côté de la chambre la plus froide. L'air de la chambre la plus

K

froide au contraire , paſſoit dans la chambre la plus chaude par le bas de cette ouverture , & pouſſoit la flamme de la bougie la plus baſſe du côté de la chambre la plus chaude , tandis que la flamme de la bougie qui étoit au milieu de la hauteur de l'ouverture, reſta abſolument tranquille.

Ce qui ſe paſſe en petit dans cette jolie expérience , doit néceſſairement arriver en grand dans tout fluide , dans lequel il exiſte deux courans , dont l'un eſt ſupérieur à l'autre , & qui ont des directions oppoſées , parce que la couche ſupérieure du courant inférieur , faiſant effort pour pouſſer la couche inférieure de la zone qui ſe trouve entre ces courans dans le ſens de ſa direction , tandis que la couche inférieure du courant ſupérieur fait effort pour pouſſer la couche ſupérieure de la zone mitoyenne en ſens contraire ; le repos abſolu de cette zone doit être le réſultat de ces deux forces égales & oppoſées.

Il exiſte donc toujours dans l'air , ainſi que dans tout fluide , une zone tranquille entre deux courans oppoſés , dont l'un eſt ſupérieur à l'autre , & c'eſt dans cette zone tran-

quille que je propose de faire agir les rames &
de poursuivre ainsi sa route, si le vent supérieur ni le vent inférieur ne conduisoient pas
directement au lieu où l'on a dessein d'aller.

Il se présente encore un moyen de faire
usage du vent pour diriger les Machines aérostatiques, que je ne hasarde ici qu'en trem-
blant, parce que l'envie extrême que j'ai que
cette lettre ait l'avantage de paroître avec votre ouvrage, me prive du tems nécessaire
pour l'examiner.

Quoiqu'il soit bien difficile de concevoir
qu'on pût adapter au bateau ou au Globe des
voiles qui fussent assez légères pour ne pas
trop charger la Machine, & pour pouvoir être
commodément manœuvrées, & qui fussent cependant assez fortes & assez étendues pour
gouverner une Machine aérostatique, & surmonter la puissance que le vent doit exercer
sur elle, l'art ne pourroit-il pas venir à bout
d'en faire qui pussent au moins aider, ou contrarier, ou modifier l'effet que la puissance
du vent sur la Machine lui donne sur le bateau ?

K ij

Quoi qu'il en soit, au reste, de la poffibilité de ce dernier moyen de faire fervir la
force du vent à la direction des Machines
aéroftatiques, il réfulte toujours des confidé-
rations précédentes, que lorfque l'expérience
aura donné des connoiffances plus exactes &
plus détaillées fur les différens courans de
l'air, & qu'elle aura raffuré l'imagination des
hommes fur les dangers qui pourront effrayer
les premiers navigateurs de cette efpèce,
alors il eft plus que vraifemblable qu'ils auront à choifir, ou de naviger dans une zone
abfolument tranquille par le moyen des rames, ou de chercher à diverfes hauteurs un
vent qui les conduife au terme où ils ont deffein d'aller.

Mais cette navigation dont l'idée feule al-
larme tant l'imagination, feroit-elle en effet
auffi dangereufe qu'elle le femble d'abord ?
Je ne le crois pas, & je fuis même per-
fuadé qu'avec quelque prudence la navigation dans l'air feroit tout au plus auffi dangereufe que fur la mer; il y a mille dangers
qu'on court fur mer, dont les navigateurs de
l'air feroient exempts, & il y en a peu de

ceux qu'on pourroit courir dans l'air, qui n'ayent également lieu sur mer.

Dans la navigation aërienne, on n'auroit à craindre ni bas fonds ni écueils, ou au moins seroient-ils bien plus connus, bien plus faciles à appercevoir & bien moins dangereux, puisque si on échouoit pendant une nuit obscure sur le penchant de quelque haute montagne, la Machine qui vous soutiendroit à la hauteur où elle auroit rencontré la montagne, vous empêcheroit de tomber dans les précipices qui pourroient s'y rencontrer, & vous donneroit le tems de vous élever plus haut que la montagne elle-même.

Il résulte des expériences de Versailles & du Champ de Mars, qu'avec le vent le plus foible, les Machines aérostatiques parcourroient un espace horizontal de cent cinquante-six lieues en un jour. Cette vitesse est au moins quadruple de celle que le même vent donneroit à un vaisseau sur la mer, & en diminuant le tems des voyages, elle abrégeroit aussi la durée des périls auxquels ils pourroient exposer.

Comme cette navigation seroit peu d'u-

fage pour paffer par-deffus de grands efpaces occupés par la mer , on auroit bien plus
de facilité pour faire de fréquens relâches,
qu'on ne peut en avoir fur ce dernier élément , & cette facilité peut faire éviter bien
des dangers auxquels on eft obligé de refter
expofé fur la mer , & procurer bien des
commodités, dont il faut fe priver dans la
navigation maritime.

S'il arrive que le fond du bateau vienne
à fe disjoindre & laiffe quelque paffage à
l'air, outre qu'on peut alors faire ufage des
pompes , comme on le pratique fur mer
quand le vaiffeau fait quelque voie d'eau ,
on peut encore chercher & corriger ce défaut très à fon aife, & l'on n'eft point gêné
dans l'air pour cette opération , comme les
plongeurs le font dans l'eau.

Enfin , fi la Machine elle-même fe déchire
au point de ne pouvoir être raccommodée en
navigeant , ce qui peut arriver alors de plus
fâcheux du plus grave des accidens, fe réduit pourtant à tomber doucement comme
a fait la Machine de Verfailles, & le rai-
fonnement fert à confirmer qu'une chûte de

ce genre ne peut être violente , ni par conféquent dangereufe , parce qu'en proportion
du gaz qu'elle perd , la Machine fe met en
équilibre avec la couche d'air plus pefante ,
dans laquelle elle defcend , & que recom-
mençant ainfi à chaque inftant une nouvelle chûte , fa defcente ne peut jamais être
accélérée ; & tel eft encore en ceci l'avantage immenfe de la navigation aërienne fur
la maritime , que la chûte au fond de l'é-
lément qui nous foutient , n'eft dans l'une
qu'un inconvénient très-léger , tandis que
dans la navigation maritime un pareil mal-
heur eft toujours fuivi d'une mort inévita-,
ble (1).

L'expérience pourra quelque jour confirmer ce que j'ofe prédire , & prouver combien feront peu confidérables les dangers

(1) On prétend que pour 1100000 livres on pourroit faire une Machine aéroftatique capable d'enlever un poids aufli confidérable que celui dont étoit
chargé *la Ville de Paris*. Si cela eft vrai , une
pareille machine ne coûteroit donc guere plus que
n'avoit couté ce beau vaiffeau , & ne pourroit affurément avoir un fort plus funefte.

K iv

de cette navigation, quand on s'y fera fuffifamment exercé : mais je n'en penfe pas
moins qu'il eft néceffaire d'ufer des plus
grandes précautions dans les premiers effais
qu'on en tentera, & qu'avant d'abandonner à eux-mêmes des hommes avec de femblables machines, il faut s'être affuré par
des épreuves réitérées, qu'ils font parfaitement en état de les diriger, & fur-tout
de les faire defcendre précifément à la place
où ils veulent ; autrement les chûtes, quoique douces & lentes, pourroient encore
être dangereufes, puifque quelque doucement que des hommes tombaffent, par
exemple, fur un clocher, fur le toit d'une
maifon, fur un grand arbre ou dans une
rivière, il feroit à craindre qu'ils ne fe
bleffaffent ou même qu'ils ne périffent. Il
fera donc effentiel dans les premières ten-
tatives de ne lâcher la Machine qu'au bout
d'une corde affez forte pour la retenir &
la diriger, fi l'on s'appercevoit que les hommes qu'elle porteroit n'en fuffent pas abfolument les maîtres, & de ne pas oublier
qu'on mène les enfans à la lifière avant de

les livrer à leurs propres forces , & que cet
art est assez près de sa naissance , pour qu'on
doive le regarder comme étant encore dans
la première enfance.

Mais enfin , dira-t-on , quand cette navigation pourroit réussir jusqu'à un certain
point , de quel usage sera-t-elle ? Ne préfé-
rera-t-on pas toujours de voyager par terre
ou par eau , & ne doit-on pas par cette
raison regarder les Machines aérostatiques
comme une invention ingénieuse & amu-
sante plutôt que comme une découverte
qui puisse jamais être véritablement utile ?

Je réponds que je pense en effet que les
transports par terre & par eau auront com-
munément la préférence sur les transports
par le moyen des Machines aérostatiques
dans l'usage ordinaire de la vie , par la
raison que la voie de la terre sera toujours
en général la plus sûre , & que l'eau étant
à cause de sa pesanteur , capable de soutenir de grands poids , sans qu'il soit nécessaire d'employer aucune Machine , les transports par son moyen seront moins embarrassans ; mais je suis malgré cela fort éloigné

de penfer que même fous ce rapport l'invention des Machines aéroftatiques puiffe être regardée comme indifférente ou inutile.

On ne peut jamais prévoir au moment qu'une découverte vient d'éclorre, ni tous les ufages auxquels on pourra un jour l'appliquer (1) , ni à quel degré de perfection elle pourra être portée ; & celle-ci s'annonce d'une manière trop brillante & trop impofante , pour ne pas engager tous les amateurs des fciences à réunir leurs efforts pour la perfectionner.

Qui peut apprécier de quoi la réunion d'un grand nombre de bons efprits eft capable , & comment en conféquence affurer que dans un tems plus ou moins éloigné ,

(1) Il y a quarante ans , quand tout ce qu'on connoiffoit de l'électricité fe réduifoit à favoir , qu'en frottant avec beaucoup de peine & de fatigue un tube de verre, il devenoit, par ce moyen, capable d'attirer des corps très-légers ; qui auroit pu prévoir qu'elle ferviroit à préferver du tonnerre & à guérir l'épilepfie ? & qui peut encore foupçonner toutes les autres applications qu'on pourra faire de cet agent invifible répandu dans toute la nature ?

cette manière de transporter des hommes
& des fardeaux, ne deviendra pas assez sûre
& assez facile pour mériter en quelques ren-
contres la préférence même sur le transport
par terre ?

Je suppose qu'on eût à traverser des déserts
arides, dans lesquels on eût à craindre de
voir périr ses bêtes de somme, & par conséquent de manquer d'eau & des autres choses
nécessaires ; ou bien supposons que dans les
déserts qu'on auroit à traverser, on eût à
appréhender d'être enséveli sous des mon-
ceaux de sable que le vent transporteroit ;
dans ces deux occasions & dans d'autres semblables, il est sûr que le transport des hommes & des fardeaux, par le moyen des
Machines aérostatiques, pour peu qu'il eût
acquis quelque degré de perfection, seroit
préférable à des transports par terre aussi
dangereux.

On sent encore qu'à mesure que l'usage
des Machines aérostatiques se perfectionne-
roit, & selon le degré de perfection qu'il
pourroit atteindre, il devroit suppléer des
transports par terre de moins en moins

dangereux , & qui ne seroient même que
très - embarrassans & très-difficiles. Si dans
quelque voyage extraordinaire, on étoit obligé
de passer par des pays où la peste fît de grands
ravages , ou par des contrées dont les habitans fussent féroces & intraitables , un degré
de perfection de plus dans les transports par
le moyen des Machines aérostatiques , les
feroit encore préférer ; elles pourroient même
un jour se perfectionner au point de servir
de moyen de communication entre des peu-
ples voisins qui seroient séparés par quelque chaîne de montagnes si escarpées qu'elles les priveroient malgré leur proximité ,
de tout autre moyen de commercer entr'eux.
Enfin , il me paroit si impossible d'assigner
les bornes de l'industrie humaine , & les
différens genres aussi bien que les différens
degrés d'utilité qu'on pourra tirer d'une
nouvelle découverte , que ces spéculations
me semblent absolument indéterminées , &
pouvoir fournir la carrière la plus vaste à
l'imagination la plus fertile en projets & en
conjectures (1).

(1) On pourroit dans la guerre faire usage de

Au reste , quand on voudroit suppofer que jamais ces Machines ne feront employées à des voyages ordinaires , au moins ne peut-on guère douter que tous les phyficiens curieux ne deviennent bientôt d'ardens navigateurs de ce nouvel élément , & ne s'empreffent de faire ufage de ces Machines , par le moyen feul defquelles ils peuvent acquérir tant de nouvelles connoiffances.

Peut-on prévoir en effet de combien d'expériences & de découvertes ces Machines feront les inftrumens ? quelles lumières elles pourront donner fur le baromètre , le thermomètre , l'hygromètre , & fur-tout fur l'électricité ? combien elles pourront nous éclairer fur la formation , la fufpenfion & la réfolution des nuages , ainfi que fur les caufes de la grêle , de la neige , & de tous les phénomènes dont l'air eft le théâtre.

Il feroit fans doute impoffible d'apprécier les progrès que la phyfique a droit d'en

ces Machines en mille occafions , mais fur-tout pour faire paffer au Gouverneur d'une place affiégée , quelques avis importans.

attendre. Elles feules peuvent nous apprendre, fi à même hauteur l'air qu'on refpire
fur les hautes montagnes eft femblable à
celui qui en eft éloigné ; enfin elles feules
peuvent nous faire connoître les vents fupérieurs, leurs forces, leurs directions,
leurs périodes & l'étendue des zones qu'ils
occupent, ainfi que celle des zones tranquilles qui féparent ceux qui, étant les uns
au-deffus des autres, ont des directions
différentes ; & ces connoiffances pourront
nous mener à concevoir les caufes des vents
inférieurs qu'il nous eft fi important de ne
pas ignorer.

Encore une fois, quand il feroit vrai
qu'on dût toujours préférer de voyager par
terre ou par eau à l'ufage de ces Machines, au moins quand la terre & l'eau nous
refufent tout paffage, l'air ne doit-il pas
alors être notre reffource, & nous en fournir un lui-même, puifque nous favons maintenant le moyen de l'employer à cet ufage?

Si l'on eft curieux de connoître toutes
les parties du globe que nous habitons, &
d'atteindre jufqu'à la cime de ces montagnes

abſolument inacceſſibles , ſur le ſommet deſquelles depuis leur première formation, jamais
la trace d'un pas humain n'a été imprimée ,
ſi nous voulons ſavoir de quelles ſubſtances
elles ſont compoſées , & jouir des phénomènes qu'un aſpect ſi neuf peut nous préſenter ; ſi , portant notre ambition encore
plus loin , & partant du ſommet des plus
hautes montagnes , nous voulons nous élever
juſques dans ces régions ſublimes où la nature ſembloit nous avoir défendu de pénétrer ; ſi nous voulons connoître quels progrès y ſuit le décroiſſement de la peſanteur
de l'air , & fixer même les limites de l'air
reſpirable , quel obſtacle pourra maintenant
nous en empêcher ? & ces nouvelles Machines ne nous fourniſſent-elles pas un moyen
d'exécuter aujourd'hui des choſes de la poſſibilité deſquelles, il y a trois mois , perſonne
au monde ne pouvoit concevoir l'idée ?

Qui ſait même ce que l'audace de l'homme
peut entreprendre , & les difficultés qu'il lui
ſera toujours impoſſible de ſurmonter.

Parmi les voyageurs qui ont tenté le paſſage
par le nord , ou qui ont voulu aller juſqu'au

pole, & qui fe font vûs arrêtés par les glaces,
n'y en a-t-il pas eu qui ont projetté de faire
des bâtimens qui puffent voguer fur la glace
même , & d'autres qui ont propofé de faire
de petits bateaux qu'on pût traîner fur les
glaces , & fur lefquels on pût auffi s'embarquer pour traverfer chaque efpace que la mer
laifferoit de libre ?

S'il s'eft trouvé des hommes affez téméraires pour former de femblables projets , pourquoi ne s'en trouveroit-il pas un affez hardi
pour ofer. paffer par-deffus les glaces , porté
par une Machine aéroftatique , & tenter ainfi
de pénétrer jufqu'à ce point du globe fi inconnu , & pourtant fi curieux , où tous les
mouvemens céleftes doivent fe montrer fous
des apparences fi différentes de celles fous
lefquelles nous les voyons , & où tous les
phénomènes de l'aimant doivent ceffer ou
prendre des formes fi nouvelles ? Il n'y a
pas 400 lieues à faire pour aller au pole ,
& pour en revenir , en partant du point où
les glaces nous arrêtent ; un vent favorable
pourroit donc y conduire & en ramener en
deux jours , & fi dans ces climats il exiftoit

deux

deux courans d'air l'un au-deſſus de l'autre,
dont l'un portât vers le pole , & dont l'autre eût une direction oppoſée , où ſeroit
l'impoſſibilité de voir un jour réuſſir une
tentative qui paroît au premier coup-d'œil
auſſi chimérique (1) ?

Quel que ſoit , au reſte , le ſort de ce dernier projet dont le ſuccès très-douteux peut à
peine être entrevu dans un avenir très-éloi-
gné , il eſt certain qu'outre les ſervices infinis
que ces Machines peuvent rendre à la phyſique , elles peuvent encore fournir les ſe-
cours les plus puiſſans & les plus précieux à la
méchanique ; & c'eſt ici que je ſens combien
je dois d'excuſes à MM. de Montgolfier , de
n'avoir pu , dans mon exergue , exprimer
toute l'importance de leur découverte.

(1) D'après l'expérience tirée du mémoire du
docteur Franklin , déja cité , il eſt en effet très-
vraiſemblable qu'il exiſte un courant d'air ſupérieur ,
allant de l'équateur au pole , & un inférieur allant
du pole à l'équateur. De plus , il y a certainement
un flux & un reflux dans l'air ainſi que dans la mer,
& par conſéquent un mouvement alternatif du pole
à l'équateur & de l'équateur au pole.

L

S'il s'agit , par exemple , de relever un bâtiment échoué fur la côte , ou même d'en retirer du fond de la mer un qui auroit été fubmergé , de quel ufage de grandes Machines aéroftatiques ne feroient - elles pas en pareil cas ? Si l'on ne jugeoit pas à propos de les employer feules , combien , fans gêner aucune manœuvre , n'aideroient-elles pas les autres moyens dont on fait ordinairement ufage dans ces occafions , & combien n'ajouteroient - elles pas à leur efficacité (1) ?

(1) Quelqu'un , dont j'ignore le nom , a imaginé une autre application des Machines aéroftatiques. Il fuppofe qu'on voulût donner un avis , par la voie de la mer , le plus promptement poffible , & qu'on dépêchât à cet effet un bâtiment très-léger. Il propofe de faire foutenir une partie confidérable du poids de ce bâtiment par une Machine aéroftatique ; & il penfe qu'alors le bâtiment tirant beaucoup moins d'eau , éprouvant ainfi une bien moindre réfiftance de la part de ce fluide , feroit fufceptible d'une viteffe beaucoup plus grande. Cette idée eft fans doute ingénieufe ; je ne fais cependant fi la Machine aéroftatique ne pourroit pas contrarier l'effet de la voilure ; mais fi en chan-

C'eſt en de pareilles circonſtances qu'on ſentiroit le mérite du gaz de MM. de Mont-golfier, puiſque lui ſeul peut délivrer de l'embarras d'amener toutes remplies les grandes Machines dont on voudroit ſe ſervir, ſur la place où il faudroit opérer. La prompti-tude avec laquelle on le produit, & le peu de frais qu'il coûte, le rendent propre à être employé ſur-le-champ dans tous les endroits où l'on peut en avoir beſoin, & ſa force eſt telle, & la facilité avec laquelle on le répare, eſt ſi grande, que quand même les Machines dont on ſe ſerviroit, ſeroient trop conſidérables pour pouvoir être conduites entières ſur le lieu où elles ſeroient néceſſaires, on pourroit les amener par parties, les rejoindre groſſièrement, à la

geant la forme de pluſieurs Machines aéroſtatiques, on pouvoit les faire ſervir elles-mêmes de voiles, alors on ne laiſſeroit entrer dans l'eau que la par-tie du bâtiment néceſſaire, pour lui donner un point d'appui aſſez ſolide pour qu'il pût manœuvrer de pa-reilles voiles, & on rendroit ce bâtiment capable de marcher avec la plus grande viteſſe qu'on puiſſe obtenir ſur la mer.

L ij

hâte , avec des agrafes ou des boutonières ;
& être sûr qu'animées par ce gaz, elles seroient
encore en cet état un effet prodigieux.

On sait combien il est mal-aisé d'employer
verticalement de très-grandes forces. On
connoit les peines & les dépenses que coûta
l'obélisque du Vatican, quand on voulut le
relever & le poser sur son pied ; & la cé-
lébrité que l'exécution de cette entreprise
donna à l'artiste qui en avoit été chargé , est
une preuve de l'extrême difficulté dont on
la croyoit. Combien une grande Machine
aérostatique bien dirigée , n'auroit-elle pas
abrégé ce travail , & combien , ce qui est si
difficile sans leur secours , paroit-il simple par
leur moyen !

Mais si la méchanique trouve tant de
difficultés à employer verticalement de très-
grandes forces , quand il faut les employer
à de très - grandes hauteurs , c'est alors
qu'elle avoue toute son impuissance. Les
voyageurs ne peuvent s'empêcher de témoi-
gner leur étonnement & leur admiration à
la vue des grandes pierres qu'on trouve
vers le haut des pyramides , & les artistes

eux-mêmes conviennent qu'ils ont peine à concevoir par quels moyens les Egyptiens ont pu porter de fi grandes maffes à une telle élévation. Cependant fi les Egyptiens avoient connu l'ufage des Machines aéroftatiques perfectionnées , quelle auroit été la difficulté de cette entreprife ? Combien de pierres auffi pefantes que celles des pyramides, une feule grande Machine aéroftatique n'enlèveroit-elle pas à-la-fois ? & quelle comparaifon peut-on faire entre la hauteur des pyramides & celle à laquelle peut s'élever une Machine aéroftatique, puifque, à en juger par les expériences que nous connoiffons, la Machine de Verfailles, celle des trois qui s'eft élevée le moins haut, & qui, avant de commencer à monter, avoit à fa partie fupérieure une fente longue de fept pieds, s'eft cependant portée à une élévation triple de celle de la plus haute des pyramides ?

Au refte, quelque nombreufes & quelque intéreffantes que foient les applications qu'on pourra faire des Machines aéroftatiques aux fciences & aux arts, ce n'eft point par les usages seuls auxquels on pourra employer ces Machines, que la découverte de MM. de Montgolfier me paroît importante; & les avantages qu'on pourra tirer quelque jour du gaz qu'ils ont imaginé, sont peut-être encore plus étonnans.

Enfin, sous quelques rapports qu'on la considère, l'expérience d'Annonay me paroît être une de ces expériences fondamentales qui restent à jamais gravées dans la mémoire des hommes, & méritent de faire époque dans l'histoire des connoissances humaines. Loin donc de la regarder comme un simple amusement, ou d'en faire un sujet de plaisanteries puériles, il me semble que c'est plutôt avec une reconnoissance respectueuse que nous devrions recevoir une découverte qui promet aux hommes tant de connoissances nouvelles & des secours aussi puissans, qui est digne par sa beauté d'exciter une noble jalousie chez nos rivaux, & qui fait autant d'honneur à la nation dans le sein de laquelle ses auteurs ont pris naissance.

LETTRE

De M. Bourgeois, à M. Faujas de Saint-Fond (1).

J'AI l'honneur, Monsieur, de vous envoyer mes observations sur le Ballon du Champ de Mars.

Dimensions du Ballon.

Diamètre...... 12 pi. 2 po.
Circonférence.... 38 pi. 3 po. 8 li., &c.
Air circulaire.. 116 pi. 3 po. 1 li. 6 poi. quar., &c.
Superficie..... 465 pi. o...6 li. 2 poi. quar., &c.
Solide........ 943 pi. o...6 li. enb., &c.

(1) M. David Bourgeois joint à la plus grande modestie, des connoissances distinguées en géométrie & en littérature ; il s'occupe, dans ce moment, à compulser à la bibliothèque du Roi, les manuscrits & livres anciens, grecs, latins, italiens, françois, espagnols, &c., où il est question de différens arts curieux, connus par les anciens. L'on trouvera, dans l'ouvrage qu'il se propose de publier à ce sujet, tout ce qui a été écrit sur l'art de voler ; sur celui de construire des automates, &c.

L'air déplacé par le solide , étant évalué sur le baromètre , qui marquoit au moment du départ du Ballon , 28 pouces 1 ¾ lig. produisant 782 grains le pied cube , auroit pesé 80 liv. 1 once , 4 gros , 27 grains , si le Ballon avoit été rempli entièrement. Il ne l'a pas été , & il ne devoit pas l'être. Une circonstance imprévue a privé d'employer les moyens qui auroient pu donner une approximation satisfaisante du vuide. Il a été présumé de $\frac{1}{4}$, de $\frac{1}{15}$, ou de $\frac{1}{12}$.

Cette incertitude oblige de faire trois suppositions pour l'évaluation de l'air déplacé & celle de l'air inflammable ; car l'augmentation du vuide diminue le déplacement. On le considérera donc égal à 74 , ou à 72 , ou à 70.

La force d'ascension du Ballon étoit , lorsqu'il a été livré à l'air , de 35 liv. Elle étoit conséquemment à l'air déplacé dans le rapport de 35 à 74 , ou de 35 à 72 , ou de 1 à 2.

La détermination de la légéreté de l'air inflammable est soumise à ces trois suppositions, dans cette forme :

Poids du Ballon vuide 25 , ou 25 , ou 25 liv.
Force d'ascension. . . 35 . . . . . 35 35

Poids de l'air inflam-

   mable contenu dans

   le Ballon . . . . 14 , ou 12, ou 10 liv.
Air déplacé . . . . 74 . . . . 72 . . . . 70 liv.

L'air inflammable aura donc été à l'air atmosphérique, dans le rapport de 1 à 5 $\frac{1}{2}$, ou de 1 à 6 , ou de 1 à 7.

La faute commise par l'intromiſſion de l'air atmosphérique dans le Ballon avant ſon dé-part , ne dérange point ces apperçus ; car , en déplaçant extérieurement cet air , il le rem-plaçoit intérieurement. Il y cauſoit une com-preſſion nuiſible à l'enveloppe du Ballon , ſans y produire aucun bon effet.

Il n'en eſt pas de même d'une autre faute commiſe en introduiſant dans le Ballon une trop grande quantité d'air inflammable ; elle a eu ſon effet en accélérant l'aſcenſion , ſans rien ajouter à la preuve qu'on vouloit obtenir de la découverte de MM. de Montgolfier , qui étoit le but unique de cette première expé-rience ; mais elle a nui en rendant les obſer-vations de cette aſcenſion plus difficiles à apprécier. Elle a enlevé trop tôt le Ballon aux yeux des Spectateurs, qui en auroient joui par l'événement du tems , depuis l'inftant du départ jufqu'à celui de la feconde difparition , parce que le nuage chargé de pluie qui l'a couvert momentanément, auroit été porté plus loin dans l'intervalle de l'élévation moins prompte , & le Ballon feroit entré plus tard dans le dernier nuage. Cette introduction trop outrée d'air inflammable a eu encore l'inconvénient d'augmenter le degré de force expanfive de cet air qui , n'ayant plus que très-peu de réaction fur lui-même , s'eft porté avec violence contre les parois du Ballon , & s'y eft pratiqué une ouverture.

Sans ces deux fautes , & en fe bornant à une force d'afcenfion de 24 liv. , la liberté de la réaction dans le Ballon auroit été de ⅓, & l'air déplacé réduit à 54 liv. , la force d'afcen-fion auroit été à cet air dans le rapport de 4 à 9. Le Ballon auroit pu s'élever dans cette fuppofition à 2200 toifes environ , & dans l'état forcé où il a été mis , fi la fracture n'a été produite qu'après fa plus haute afcenfion , elle aura pu être à 2500 , ou à 2600 toifes.

Le calcul de ces élévations eft conjectural & point pofitif. La connoiffance de l'augmenration de la raréfaction de l'atmosphère dans la progression de son éloignement de la terre, de même que de toutes les circonstances qui peuvent y causer des variations, est imparfaite.

Les Ballons aérostatiques nous procureront de meilleures instructions. On ne pouvoit avant leur découverte, pénétrer l'atmosphère qu'en gravissant les hautes montagnes ; les vapeurs s'y élèvent encore, quoiqu'en quantité moindre, & ces vapeurs apportent plus ou moins de différence à l'état vrai de l'air libre, suivant la nature du sol dont elles émanent.

Il ne faut pas omettre d'observer encore que les points auxquels les élévations sont évaluées ci-dessus, sont ceux où l'équilibre est présumé s'établir entre la pesanteur du Ballon & celle de l'air environnant. Or, il est probable qu'il aura pu s'élever plus haut, parce qu'il aura eu dans ce moment-là une force de libration qui l'y aura lancé. Faudra-t-il appliquer ici les loix de la chûte des corps graves, quoique la raison de l'ascension étant produite par la différence des pesanteurs spécifi-

ques & réciproques , & diminuée par la réfiftance de l'air , cette raifon décroiffe de plus
en plus à mefure que le corps léger s'approche
du lieu de l'équilibre ? Que reftera-t-il de
force , lorfque cette raifon décroiffante fera
éteinte ? Quel efpace ce refte fera-t-il parcourir , étant combattu par une double raifon
de légéreté & de réfiftance croiffante , qui dé-
primera le corps afcendant , & le fera retom-
ber au-deffous de l'équilibre ? Ce jeu des of-
cillations fe répétera fans doute un grand nombre de fois , & le fpectacle en fera très-intéreffant étant obfervé avec le télefcope , ou
avec de bonnes lunettes.

Je fuis , &c.

DAVID BOURGEOIS;

EXPÉRIENCES

Faites à Paris, rue de Montreuil, Faux-bourg Saint-Antoine, le 19 Octobre 1783, avec une Machine aérostatique, qui s'est élevée avec deux hommes, à la hauteur de 324 pieds.

QUOIQUE l'expérience de Versailles eût été très-satisfaisante, comme la Machine dont on se servit fut déchirée, par l'effort du gaz, dans la partie supérieure, ce qui l'empêcha de s'élever à la hauteur où elle auroit dû parvenir; M. de Montgolfier résolut d'en faire construire une seconde plus grande & beaucoup plus solide, & avec laquelle il se proposa de faire des essais propres à perfectionner une découverte dans laquelle l'on ne pouvoit avancer que lentement & par progression.

L'on prit tout le tems & toutes les précautions nécessaires pour la construction de cette Machine, & le 10 du mois d'octobre, elle fut entièrement finie.

Sa forme étoit ovale, sa hauteur de 70 pieds, son diamètre de 46, & sa capacité de 60000 pieds cubes; la partie supérieure entourée de fleurs-de-lys, étoit ornée des douze signes du zodiaque en couleur d'or, le milieu portoit les chiffres du Roi, entremêlés de soleils, & le bas étoit garni de mascarons, de guirlandes & d'aigles à ailes déployées, qui paroissoient supporter en volant cette superbe Machine à fond d'azur.

Une galerie circulaire construite en osier, & revêtue en toiles, sur lesquelles on avoit peint des draperies & d'autres ornemens, étoit attachée par une multitude de cordes au bas de la Machine; elle avoit environ trois pieds de largeur; il y régnoit de droite & de gauche une balustrade de 3 pieds & demi de hauteur. Cette galerie ne génoit ni n'interrompoit en aucune manière l'ouverture d'environ quinze pieds de diamètre qui étoit au bas de la Machine, elle lui servoit au contraire de prolongement, & c'étoit au milieu de cette ouverture qu'on avoit placé un réchaud en fil de fer suspendu par des chaînes, au moyen duquel

les perſonnes qui étoient dans la galerie avec
des approviſionnemens de paille , avoient la
facilité de développer du gaz à volonté.
La planche IV donne une idée beaucoup
plus exacte de cet appareil , que tout ce
que je pourrois en dire ici.

Cette Machine telle que je viens de la
décrire , peſoit au moins ſeize cens livres.

L'on avoit eu ſoin d'avertir le Public
dans le Journal de Paris , du 11 octobre ,
que les expériences qu'on ſe propoſoit de
faire , regardoient eſſentiellement les ſavans ,
& que plus elles pouvoient être intéreſſan-
tes pour la phyſique , moins elles devoient
amuſer les perſonnes que la ſimple curioſité y attireroit.

Cette précaution avoit paru néceſſaire
pour ſe ſouſtraire à l'empreſſement général , avant qu'on eût pu obtenir quelques
réſultats ſatisfaiſans. Il étoit prudent & utile
dans une occaſion pareille , de procéder
tranquillement & ſans trouble avec des gens
exercés dans l'art des expériences , car celle – ci devoit naturellement préſenter des
difficultés. L'on ſait que lorſqu'on n'eſt point

géné par l'inquiétude du succès qui dépend
souvent de la plus légère circonstance , l'on
travaille avec bien plus de confiance ; chacun aide de ses conseils , & tout le monde
étant coopérateur , l'intérêt devient général ; & , loin de porter alors un œil critique sur les opérations , l'on met une espèce d'amour-propre à les voir réussir.

Mais cette sage résolution ne put avoir
lieu que jusqu'à un certain point , dans une
ville telle que Paris , où une multitude de
considérations ne permettent pas toujours
d'exécuter ce qu'on se propose de faire.

Dès qu'on sut donc qu'il étoit question
d'expériences, l'on accourut de toute part ;
& comme l'on ne put d'abord refuser l'entrée à des personnes de haute considération
qui se présentèrent , beaucoup d'autres mirent en œuvre bien des moyens pour être
admises ; & des essais qu'on avoit résolu
de ne faire qu'en comité , devinrent presque sur-le-champ des expériences solem-
nelles.

Le mercredi 15 octobre , M. Pilatre de
Rozier , qui a donné dans plusieurs occasions

fions des preuves de l'intelligence & du courage qu'il porte dans des expériences har-
dies, où il n'a pas craint souvent d'exposer fa vie, ayant déjà fait quelques effais
terre à terre avec la Machine aéroftatique, défira ardemment qu'on l'enlevât,
s'il étoit poffible, à une grande hauteur :
il fe plaça pour cet objet dans la galerie.
La Machine fut gonflée, elle partit en confervant le plus parfait équilibre, & s'éleva
jufqu'à la longueur des cordes qu'on y avoit
attachées pour la retenir ; c'eft-à-dire jufqu'à 80 pieds de hauteur, & elle y refta
en ftation pendant quatre minutes vingt-
cinq fecondes, fans que M. Pilatre de Rozier éprouvât la plus légère incommodité.

Ce qu'il y eut de très-intéreffant dans
cette expérience, c'eft que l'on fut raffuré
fur un point qui avoit paru inquiéter géné-
ralement tout le monde ; c'eft-à-dire, fur
la manière dont la Machine tomberoit, lorfque le gaz s'affoibliroit ; mais l'on vit clairement, qu'au lieu de tomber, elle defcendoit avec lenteur étant toujours tendue,
& qu'après avoir touché terre, elle partoit

M

de nouveau & s'élevoit encore à une certaine hauteur , lorsque la personne qui
étoit dedans , l'allégeoit en sortant de la
galerie.

Le vendredi 17 , on répéta les mêmes
expériences ; l'empreffement de les voir fut
tel , que l'affluence du monde étoit extrême ;
il étoit difficile de réunir une plus brillante
affemblée ; mais un vent contraire qui s'é-
leva, nuifit au fuccès de ces expériences ; &
quoique M. Pilatre de Rozier fût enlevé
à-peu-près à la même hauteur que le mercredi , la Machine fatiguée par le vent &
par la réfiftance des cordes qui la retenoient , fe foutint moins bien , & ne pro-
duifit pas un fi bel effet que dans l'expérience précédente , & c'eft alors qu'on fen-
tit très-bien qu'il eût été à défirer qu'on
fe fût refufé à l'empreffement du public ,
parce qu'il arrive fouvent qu'une expérience
vue par des perfonnes qui y affiftent plutôt
par objet de curiofité que par motif d'inftruc-
tion , & qui voudroient que tout tournât à
leur amufement , & à leur pleine fatisfaction , nuit quelquefois aux progrès d'une

découverte, parce que le Public ne calcule jamais les peines & les soins de toute espèce qu'elle peut avoir coûtés à celui qui en est l'auteur ; mais heureusement que le Dimanche suivant, M. de Montgolfier choisit un beau tems pour faire de nouvelles expériences qui ont constaté de la manière la plus authentique, les progrès graduels, mais rapides de cette Machine, entre les mains de celui qui en étoit l'inventeur.

PREMIÈRE EXPÉRIENCE.

Le 19 octobre, à quatre heures & demie, & en présence de plus de deux mille personnes, la Machine dont on avoit diminné la galerie, fut remplie de gaz en cinq minutes, & M. de Rozier étant placé dans la galerie avec un poids de cent livres dans la partie opposée pour faire équilibre, fut enlevé à la hauteur de 200 pieds; la Machine se soutint six minutes à cette élévation sans feu dans le réchaud.

Deuxième Expérience.

La Machine portant M. Pilatre de Rozier avec le contrepoids de cent livres, le feu étant dans le réchaud, fut enlevée à 250 pieds de hauteur, où elle resta en station pendant huit minutes & demie ; comme on la retiroit, un vent d'est la porta sur une touffe de très - grands arbres dans un jardin voisin où elle s'embarrassa, sans perdre l'équilibre : l'on renouvella le gaz, & elle se retira elle-même de ce mauvais pas, en s'élevant pompeusement dans l'air au bruit des acclamations publiques. Cette seconde expérience fut très-instructive ; l'on n'avoit pas manqué de dire que si jamais une telle Machine tomboit sur une forêt, elle seroit détruite, & feroit courir les plus grands dangers à ceux qui seroient dedans ; cet exemple prouva que la Machine ne *tombe* pas, mais qu'elle *descend* ; qu'elle ne se renverse pas, qu'elle ne se détruit pas sur les arbres ; qu'elle ne fait périr ni souffrir les voyageurs qu'elle porte ; qu'au contraire ces derniers, en produisant

du nouveau gaz, lui donnent les moyens
de se tirer d'embarras, & qu'elle peut re-
prendre sa route malgré un événement pareil.

M. de Rozier donna encore un exemple
de la facilité qu'il y a de descendre & de
remonter à volonté ; car la Machine étant
parvenue à plus de 200 pieds, elle descendit lentement ; & comme elle appro-
choit de terre, M. de Rozier produisit très-
adroitement & très-à-propos du gaz, &
elle repartit subitement pour regagner sa
première place.

TROISIÈME EXPÉRIENCE.

La Machine partit avec M. de Rozier
& un compagnon de voyage, *M. Giroud de
Villette* ; & comme l'on avoit allongé les
cordes, elle s'éleva jusqu'à la hauteur de
324 pieds, & elle y resta dans le plus parfait équilibre au moins neuf minutes ; c'é-
toit un spectacle bien extraordinaire que
celui de voir pour la première fois des hom-

mes portés à cette élévation , & s'y soutenir sans danger & sans inquiétude.

La Machine étoit d'un superbe effet à
cette hauteur ; elle dominoit sur Paris , &
elle étoit vue de tous les environs ; sa
grandeur ne paroissoit pas avoir diminué aux
yeux des spectateurs placés dans le lieu où
se faisoit l'expérience ; mais les hommes
étoient à peine visibles : l'on distinguoit
avec des lunettes M. de Rozier occupé à
produire du gaz avec autant d'intelligence
que d'ardeur.

Lorsque la Machine fut redescendue ,
ces Messieurs assurèrent qu'ils n'avoient pas
éprouvé la plus légère incommodité ; ils re-
çurent les justes applaudissemens que leur
zèle & leur courage leur avoit mérités ; &
M. *le marquis d'Arlandes* , major d'infan-
terie , prit ensuite la place de M. *Giroud
de Villette* , & fut enlevé avec M. Pilatre
de Rozier. Cette dernière expérience eut
le même succès que la précédente : il est
certain que si la Machine n'eût pas été retenue , elle auroit été portée au moins à
douze cens toises d'élévation.

Voilà donc des faits à l'abri de toute critique, qui prouvent que des hommes peuvent être enlevés à une affez grande hauteur fans danger, par un moyen inconnu jufqu'alors, & qui conftatent les fuccès progreffifs des expériences faites par M. de Montgolfier; c'eft là fans doute la meilleure réponfe qu'on puiffe faire aux détracteurs de cette étonnante Machine, dont la perfection fera peut-être portée au-delà de nos efpérances, fi quelques jours des Souverains veulent s'en occuper beaucoup plus en grand, & fur-tout s'ils mettent de la conftance dans leurs recherches; & s'ils ne fe laiffent pas rebuter par les difficultés qu'il faudra vaincre avant de parvenir à la manœuvrer à volonté. Il faut faire attention fur-tout qu'il y a bien moins loin de la Machine aéroftatique actuelle, qui porte dans ce moment des hommes, à une Machine qui en porteroit un grand nombre, qu'il y en a du fimple canot d'un Sauvage, à un vaiffeau de cent pièces de canons qui fe joue de l'effort des vagues, & qui peut traverfer impunément les mers en voyageant d'un pôle à l'autre

LETTRE

De M. DE MONTGOLFIER, à M. FAU-
JAS DE SAINT-FOND.

Paris, le 20 Octobre 1783.

MONSIEUR, il me semble vous avoir
entendu projetter de donner au Journal un
précis des expériences que j'ai faites la se-
maine dernière. Une observation qui sans
doute, ne vous a pas échappé, mais qui a
besoin d'être présentée à la plupart des
personnes qui ne jugent que d'après leurs
yeux, est que dans les expériences précédentes, sur-tout celle du vendredi, il faisoit un peu de vent, ce qui obligeoit de
contenir la Machine avec des cordages
pour qu'elle ne dérivât pas dans les jardins voisins ou sur les maisons. Il en ré-
sultoit que les cordes devoient faire un angle avec l'horizon, tel que la hauteur perpendiculaire de la Machine fût à l'éloignement des hommes qui tenoient les corda-

ges, comme la tendance de la Machine à
monter est à l'impression que le vent faisoit sur elle ; & comme les cordes ont
presque toujours fait un angle de 45 degrés avec l'horizon, il suit qu'environ les
$\frac{7}{10}$ de la force du vent étoient employés à
repousser la Machine en bas. Cet effet devenoit encore plus sensible lorsqu'on tiroit
les cordages pour ramener la Machine verticalement au-dessus de la partie libre du
jardin. Les $\frac{7}{10}$ de la force qu'on employoit
à la tirer, réagissoient pour la faire descendre, en sorte que cet effort étant au
moins de 5 à 600 livres, il en a dû ré-
sulter une surcharge de 350 à 400, qui
n'eût pas eu lieu si la Machine eût été en
liberté.

Ainsi, c'est autant à la tranquillité de
l'air, qu'à l'allégement de 100 que j'ai
procuré à la Machine, qu'on doit attribuer
le plein succès de l'expérience d'hier, &
je vous avoue que je n'eusse pas espéré
qu'en si peu de tems on pût se rendre assez
maître de la production du gaz pour venir raser la terre, & de là se relever sans

y toucher, ainſi que M. de Rozier en eſt
venu à bout deux fois de ſuite.

LA lettre de M. *Giroud de Villette*,
compagnon de voyage de M. de Rozier,
renfermant quelques détails intéreſſans, j'ai
cru qu'elle devoit trouver place ici.

LETTRE

De M. GIROUD DE VILLETTE, *aux
Auteurs du Journal de Paris.*

Du 28 Octobre 1783.

MESSIEURS, hier 19 du courant,
en qualité d'adjoint de la manufacture royale de M. Réveillon, j'ai obtenu de ces
Meſſieurs la permiſſion de monter dans la
partie du panier oppoſée à celle où étoit M.
Pilatre de Rozier, pour lui ſervir de con-
tre-poids; je me ſuis trouvé preſque dans
l'intervalle d'un quart de minute, élevé de

quatre cens pieds de terre , suivant le rapport qu'on m'en a fait ; nous restâmes dans
cette position dix minutes. Mon premier
soin , Messieurs , fut d'admirer , à la faveur d'un trou large de quatre pouces , le
physicien intelligent que j'avois l'honneur
d'accompagner ; son courage , son agilité,
ses talens à bien manœuvrer & conduire son
feu m'enchantèrent. En me retournant je
distinguai les boulevards depuis la porte
Saint - Antoine jusqu'à celle Saint-Martin ,
tout couverts de monde , qui me paroissoit
former une plate-bande allongée de fleurs
variées. La rue Saint-Antoine , les jardins
qui nous environnoient me représentoient
la même chose ; ensuite voulant m'occuper
du sujet qui m'avoit engagé à faire ce voyage , je promenai ma vue dans le lointain ;
d'abord je vis la butte Montmartre , qui
me sembloit être de moitié plus basse que
notre niveau ; je découvris facilement ,
Neuilli , Saint - Cloud , Sève , Issy , Ivry ,
Charenton , Choisy , & peut-être Corbeil ,
que le léger brouillard m'a empêché de
distinguer ; dès l'instant je fus convaincu que

cette Machine peu difpendieufe, feroit très-utile dans une armée pour découvrir la pofition de celle de fon ennemi, fes manœuvres, fes marches, fes difpofitions, & les annoncer par des fignaux aux troupes alliées de la Machine. Je crois qu'en mer, il eft également poffible, avec des précautions, de fe fervir de cette Machine. Voilà, Meffieurs, une utilité inconteftable, que le tems nous perfectionnera ; tout mon regret eft de n'avoir pas penfé à me munir d'une lunette d'approche.

M. SAGE ayant bien voulu me communiquer une lettre qui vient de lui être adreffée de S. Pétersbourg par un favant, que le grand-duc de Ruffie a chargé de répéter l'expérience de M. de Montgolfier, j'ai cru que cette lettre feroit accueillie avec d'autant plus d'intérêt, qu'elle nous apprend qu'un prince diftingué par fes connoiffances daigne s'en occuper, & que le célèbre Léonard Euler, que la mort vient d'enle-

ver aux sciences, avoit senti le mérite de
cette découverte, & en avoit fait l'objet
de ses derniers calculs.

LETTRE

*Ecrite de S. Petersbourg, par M. ROME,
à M. SAGE, de l'Académie Royale
des Sciences.*

à S. Pétersbourg, ce 4 Octobre 1783.

MONSIEUR, j'ai eu l'honneur de
vous écrire dernièrement au sujet du Globe
aérostatique, de M. de Montgolfier; c'est
pour le même objet que je vous écris encore aujourd'hui. Cette expérience d'une
simplicité dont tout le monde saisit le principe, & dont le résultat est des plus étonnant, méritoit l'accueil le plus général. Ici
toutes les bonnes têtes s'en occupent. Le
fameux géomètre Léonard Euler en a fait
l'objet de ses derniers calculs; il y a vu
un beau problême de méchanique à résoudre, & il a trouvé qu'un grand Globe de
100 pieds devoit s'élever avec une vitesse

de 41 pieds par seconde. En attendant
que les physiciens en fassent des applications utiles, on s'empresse de toutes parts
de répéter l'expérience d'Annonay ; Mon-
seigneur le grand-duc a le plus vif désir
qu'elle se fasse sous ses yeux. Je suis chargé
de m'en occuper ; mais j'avoue que pour
l'entreprendre , il me faut des renseigne-
mens plus étendus & plus fidèles , que ceux
que donnent les feuilles publiques qui sont
remplies d'inexactitudes monstrueuses.

Je m'adresse à vous, Monsieur , pour
avoir des détails qui m'éclairent sur tout
ce qui regarde la construction & la manipulation de ce Ballon. Votre zèle à répandre tout ce qui mérite de l'être , me répond de l'accueil que vous accorderez à
mes questions, auxquelles je vous prie d'intéresser , par vos recommandations , M.
Faujas de Saint-Fond , & ceux de Messieurs
vos confrères qui voudront bien donner de
pareils détails sur le Globe de 70 pieds.
Ce qui m'intrigue le plus , est de savoir
comment & de quel corps on s'est procuré une quantité aussi énorme d'air in-

flammable ; comment on l'a introduit avec le moins de mélange possible, dans le Globe? Comment a-t-on chassé l'air commun pour lui faire place? Connoît-on enfin le procédé de dissoudre la gomme élastique ? Je vous demande instamment de me donner sur cet objet , tout ce que vous aurez appris , & sur-tout d'y joindre vos observations ; elles me seront précieuses pour répéter cette expérience. J'ignore aussi si la carcasse est à demeure sous l'enveloppe du Ballon , & si en s'élevant, il doit entraîner avec lui toute cette charpente intérieure : j'ignore les précautions qu'on a prises pour garantir de tout accident, jusqu'à l'instant de l'élévation , ce Globe délicat.

Cette lettre vous sera envoyée par le prince Bariatinski , ministre de Russie à Paris. La célérité est une des demandes les plus essentielles. Je vous prie d'y avoir égard , autant que vous le permettront vos nombreuses occupations.

S'il existe quelques descriptions imprimées de cette expérience, je vous prie de

l'indiquer à ceux de mes amis à Paris ,
qui vous iront voir pour cet objet, & que
je recommande à vos bontés.

LETTRE

*De M. PILATRE DE ROZIER , Chef
du premier Musée autorisé par le Gou-
vernement , sous la protection de MON-
SIEUR & de MADAME , à
M. FAUJAS DE SAINT-FOND.*

MONSIEUR, consulté à chaque inftant fur le prix & les proportions d'une
Machine aéroftatique , je prends le parti
de vous adreffer des obfervations qui de-
viendront , peut-être , de quelqu'utilité
aux Amateurs qui attendent l'ouvrage intéreffant que vous projettez. Heureux , Monfieur , fi le defir de répondre à vos vues ,
peut vous convaincre des fentimens très-
diftingués , avec lefquels j'ai l'honneur d'ê-
tre , &c.

PILATRE DE ROZIER.

Au premier Musée , ce 28 Septembre 1783.

LE

Voici les détails curieux d'une expérience faite à Lyon par M. de Montgolfier l'aîné ; je m'empresse de les faire connoître, avec d'autant plus de plaisir, qu'ils présentent un moyen très-ingénieux pour alimenter le feu des Machines aérostatiques. L'on verra d'ailleurs avec intérêt, que la Machine enlevée à Lyon, ayant trouvé dans la région des nuages un vent de nord, suivit pendant quelque tems cette direction ; mais que sa force d'ascension lui ayant permis de traverser ce courant, elle en rencontra un second au-dessus, qui la porta dans un autre sens ; observation qui peut servir à répandre un grand jour sur la navigation aërienne, si l'on parvient jamais à voyager avec les Machines aérostatiques.

Au reste, M. de Montgolfier l'aîné, étant chargé de présider à de nouvelles expériences, qui doivent être faites à Lyon avec une Machine aérostatique de cent pieds de diamètre, il est à présumer qu'on en obtiendra des réfultats qui tendront à accélérer de plus en plus les progrès de cette belle découverte. Je m'empreſſerai de faire connoître les détails de cette expérience, ainſi que de toutes celles qu'on ſe propoſe d'exécuter à Paris, à Londres, à Pétersbourg & en Italie; des correſpondans éclairés ont bien voulu me promettre de m'inſtruire avec exactitude ſur tout ce qui ſera fait à ce ſujet, & je ne perdrai pas un inſtant moi-même pour en faire jouir le Public, par un ſupplément qui ſervira de ſuite à cet Ouvrage.

EXPÉRIENCE

Faite à Lyon, chez M. l'Intendant, par M. DE MONTGOLFIER l'aîné.

LA Machine enlevée chez M. l'Intendant de Lyon, étoit conſtruite en ſimple papier; ſa forme étoit celle de deux pyramides quadrangulaires tronquées, réunies par leur baſe, qui avoit huit pieds de côté; les ſommets

tronqués en avoient quatre , & l'axe commun
huit , ce qui ne formoit qu'une contenance
de 300 pieds cubes tout au plus.

La réunion des bafes étoit affujettie par
quelques languettes de bois de huit pieds de
long , & l'ouverture inférieure par quatre
de quatre pieds.

Quatre gros fils de fer , partant des quatre angles de l'ouverture inférieure , fe réuniffoient au milieu , pour y fupporter un cylindre de fil de fer , d'un pied de long &
fix pouces de diamètre.

Après avoir chargé la Machine de gaz ,
par le moyen du feu , le cylindre fut rempli d'un rouleau de trente feuilles de papier
imbibées d'une livre d'huile d'olive , auquel
on mit le feu.

La Machine , s'élevant avec rapidité ,
fut portée du côté de la ville ; lorfqu'elle
eût parcouru environ un quart de lieue
dans cette direction , elle fe trouva élevée
à la hauteur des nuages , & fut chaffée
comme eux du côté du nord ; continuant
à s'élever , elle obéit au vent d'eft-fud-eft
qui régnoit dans cette région. On la fuivit

quelque tems dans cette direction , mais son diamètre apparent étoit devenu si petit qu'il échappoit à la vue des spectateurs ; ceux qui avoient l'œil le plus perçant, la suivirent encore pendant quelques instans , jusqu'à ce qu'ils la perdirent entièrement , 22 minutes après son départ. *Extrait d'une lettre de M. de Montgolfier.*

LETTRE

De M. DE SAUSSURE *, de Genève , du 15 Novembre 1783 , sur les procédés de MM. de Montgolfier.*

LES Journaux & les Lettres de mes amis qui ont vu à Paris & à Lyon les Expériences de MM. Montgolfier , m'ont appris que ces Messieurs , pour enlever leur grande Machine aérostatique , n'emploient que de la flamme ; que la nature du corps qui donne cette flamme est absolument indifférente au succès de l'Expérience ; qu'il faut seulement qu'elle soit vive , claire , &

qu'elle pénetre dans l'intérieur de la Machine.

D'après ces données, j'ai cru pouvoir conclure, que ce n'est point à l'air inflammable qu'est due l'afcenfion de ces Machines ;
car la flamme confume & décompofe entiérement cet air ; ou plutôt elle n'est elle-
même que cet air embrafé dans l'acte
de fa décompofition. Quelle est donc la
caufe de cette afcenfion? Est-ce la chaleur feule de la flamme qui dilatant un air
qu'elle réchauffe le rend fpécifiquement plus
léger ? Seroient-ce quelques portions d'air
inflammable qui s'échappent fans fe confu-
mer ; ou quelque fluide aériforme inconnu ,
plus léger que l'air commun qui fe déve-
lopperoit dans le moment de la déflagration ?

Pour répondre à ces questions par une
expérience directe , j'ai pris un Ballon de
baudruche d'un pied de diametre , qui s'é-
levoit très-rapidement en l'air , quand on le
rempliffoit d'air inflammable préparé avec
le fer & l'acide vitriolique. Ce Ballon pefoit
137 grains , lorfqu'il étoit plein d'air commun. Mais lorfqu'après l'avoir vuidé , je l'ai

rempli de nouveau avec de l'air tiré de
l'intérieur d'une flamme de paille, il s'est
trouvé de 12 grains plus pesant, & ce n'é-
toient pas des matieres grossieres, de la
suie par exemple, qui avoient augmenté
son poids; car lorsque j'ai eu fait sortir avec
beaucoup de lenteur & de précaution cet air
de ce Ballon, que je l'ai ensuite rempli d'air
commun & repesé de nouveau, il ne s'est
pas trouvé plus pesant que la premiere fois,
ce qui ne seroit pas arrivé si l'air y avoit
entraîné des matieres grossieres qui se feroient déposées dans le fonds & contre les
parois du Ballon.

J'ai varié cette Expérience, tantôt en
aspirant l'air de la flamme par un tuyau
adapté à l'orifice de la soupape d'un soufflet, & le chassant ensuite dans le Ballon par la tuyere de ce même soufflet; tantôt en le faisant entrer dans une grande
jarre percée qui l'aspiroit par en haut à
mesure qu'elle perdoit par en bas l'eau dont
elle étoit remplie. Il y a eu quelques dif-
férences dans les résultats des Expériences;
cependant l'air tiré de la flamme ne s'est

jamais trouvé plus léger que l'air commun. Mais il faut bien obferver que quand on emploie le foufflet, l'air paffe très - chaud dans le Ballon, & cet air dilaté par la chaleur paroît de quelques grains plus léger ; il faut donc attendre pour le pefer qu'il ait pris la température de l'air extérieur. Au refte, il ne s'agit point ici d'une extrême précifion ; car pour que l'air de la flamme agiffe d'une maniere fenfible dans l'afcenfion des Machines Aéroftatiques, il faudroit qu'il fût d'une moitié, ou au moins d'un quart plus léger que l'air athmofphérique ; mon petit Ballon, qui renferme environ 400 grains d'air commun, devroit donc fe trouver de 200 ou de 100 grains plus léger, quand il eft rempli de l'air de la flamme. Or quelqu'inexactitude que l'on puiffe fuppofer dans ces Expériences, il eft impoffible qu'elle aille à la dixieme partie du plus petit de ces deux nombres.

Puis donc que l'air qui fe dégage de la flamme eft plus pefant, ou n'eft du moins pas plus léger que l'air commun, il paroît bien prouvé que ce n'eft point la légéreté de

cet air qui fait monter les Machines Aéroftatiques ; mais la chaleur de la flamme qui
raréfie l'air renfermé dans ces Machines ,
l'impulfion même de la flamme , & le courant d'air afcendant qui fe forme en dehors
le long des parois de ces Machines lorfqu'elles font réchauffées.

Je n'étois cependant pas encore pleinement
fatisfait ; je defirois de faire monter un Ballon
par l'action de la feule chaleur. J'ai pris
un Ballon de baudruche de 18 pouces de
diametre , fufpendu au plancher par un fil
délié , & ouvert par en bas d'un trou circulaire de 4 pouces. J'ai introduit par cette
ouverture un gros pilon de fer rougi au feu ;
l'air dilaté par la chaleur a fait gonfler le
Ballon : lorfque ce fer a commencé à fe
réfroidir , j'en ai introduit un autre que l'on
tenoit prêt & qui étoit d'un rouge très-vif ;
bientôt le Ballon a commencé à monter ,
& il s'eft élevé tant que j'ai pu le fuivre avec
mon fer rouge , fans le toucher & le brûler.
Ce Ballon ne pefoit que demi-once ; j'avois
eu foin de le deffécher pendant qu'il étoit
bien plein d'air , afin qu'il fe tint un peu

enflé de lui-même lorsqu'il étoit suspendu en l'air, & que l'on pût ainsi introduire le fer rouge sans le toucher.

Je n'entrerai pas, dans de plus grands détails ; je souhaite seulement que ces Expériences paroissent propres à contribuer à la perfection des Machines Aérostatiques, en mettant les Physiciens sur la voie d'apprécier avec exactitude les différens agens que l'on peut employer pour les mouvoir.

LE BALLON DE HERMEAU
EN NORMANDIE.

EXPERIENCE du 9 Octobre 1783.

L'Heureuse découverte qui immortalisera MM. de Montgolfier, ayant fait dans les Provinces une sensation aussi vive qu'à Paris, M. de L... & M. l'Abbé de L... son frere, qui avoient été témoins des Expériences du Champ de Mars & de Versailles, furent accablés à leur arrivée en Normandie de mille questions différentes sur la forme & la cons-

rruction de ces fameux Globes Aéroſtatiques & ſur la maniere de les lancer. Pour
répondre à la fois à toutes ces queſtions par
un ſeul exemple, ils réſolurent de donner à
leurs voiſins le ſpectacle de cette brillante
nouveauté. Ils firent eux-mêmes un Ballon
de cinq pieds de circonférence, formé par
des morceaux de boyaux de bœuf, ou peau de
baudruche dont ſe ſervent les Batteurs d'or,
qu'ils couperent en loſanges de trente pouces de long ſur dix de large dans le milieu,
& qu'ils collerent les uns ſur les autres avec de
la colle de poiſſon. Cette opération exigea
un peu de ſoin. Ils commencerent d'abord
à aſſujettir avec de la colle le centre & les
extrémités de deux loſanges, & collerent
enſuite les intervalles. Ils y ajouterent ſuc-
ceſſivement huit loſanges, ce qui fit dix
en tout, & par conſéquent cinq pieds de
tour dans tous les ſens. Ils réſerverent à
une des extrémités des loſanges une ouverture d'environ ſix lignes de diametre, & y
adapterent une eſpece de col de trois pouces de long & de la même matière, pour
aider à y introduire l'air inflammable. Ils

le remplirent d'abord d'air atmofphérique
avec un foufflet, pour s'affurer s'il ne perdoit pas ; il devint parfaitement rond. Les
jointures des lofanges fe faifant un peu fentir, il avoit exactement l'air d'une orange dé-
pouillée de fa premiere peau. On attacha le col
du Ballon fur le tuyau d'une groffe plume ; on
fit paffer ce tuyau dans un bouchon, & ce bouchon fervit à boucher une bouteille de grès,
qui avoit d'abord été échauffée par degré
pour l'empêcher de caffer, & dans laquelle
on avoit mis deux verres d'eau, un très-grand
verre d'huile de vitriol de la Manufacture de
Honfleur, & un peu plus d'une demi-livre
de limaille d'acier. La fermentation fut fur
le champ très-forte ; l'air inflammable fe
dégagea fi violemment & en fi grande quantité, qu'il entraîna avec lui de l'acide vitriolique dans le Ballon. La perfonne qui le
retenoit par l'extrémité inférieure eut le
pouce & le doigt brûlés légérement & lâcha
prife. Le Ballon partit de lui-même, &,
quoique ouvert & brûlé, il s'éleva à quatre
ou cinq cens pieds, & fut tomber à trois
quarts de lieue de-là fur un pommier des

herbages de Caſſart. On fut l'y chercher ;
on le trouva criblé de petits trous. MM. de L...
jugeant que cet accident avoit été produit
par l'activité de la fermentation , exécuterent
ſur le champ un nouveau Ballon de la même
maniere & dans les mêmes proportions ;
mais pour le remplir ſans inconvénient ,
ils firent faire un tube de cuivre de quatre
lignes de diametre en œuvre , de trois pieds
de long & ayant la forme d'une S ; pour
s'en ſervir , ils le placerent horizontale-

ment dans cette forme.

L'extrémité *a* fut introduite dans le bouchon de la bouteille de grès ; le milieu *b*
fut plongé dans un baquet d'eau fraîche ,
& auſſi-tôt que les premieres vapeurs de la
fermentation commencèrent à ſortir en *c* ,
on fit entrer cette extrémité du tube dans
le col du Globe , qui fut lié deſſus. En
trois minutes , le Ballon ſe remplit d'air
inflammable. Quoique très - arrondi , on
voyoit qu'il pouvoit contenir un peu plus
d'air , mais MM. de L . . . ne jugèrent pas
à propos d'y en faire entrer davantage ,

foit pour prévenir le reproche d'avoir été
trop tendu , foit pour l'empêcher de fe
déchirer. Ils tenoient une foie toute prête ,
& en même temps que l'un lioit le col du
Ballon au-deffus de l'extrémité *c* du tube ,
l'autre tiroit ce tube de la bouteille de grès
dans laquelle fe faifoit la fermentation ,
afin de ne pas laiffer l'air inflammable qui
s'en dégageoit , fans iffue. On coupa à
l'inftant , avec des cifeaux , le col du Ballon
entre la premiere ligature qui l'affujettiffoit
fur le tube & la feconde faite pour le
fermer ; & le Globe partit de lui-même le
Jeudi 9 Octobre 1783 , à une heure pré-
cife après midi. Cette expérience fe fit fur
la colline du Hermeau , d'où l'on décou-
vroit autour de foi un horizon très-étendu
entre le Château de D. .. & le Bourg de
Beaumont. Le temps étoit très-beau , le
ciel parfaitement pur , à l'exception de quelques nuages épars qui fe balançoient à une
très-grande hauteur ; le vent fouffloit du
fud-oueft , & il étoit très-modéré. En deux
minutes ce Globe monta à peu près verticalement jufqu'à la hauteur des nuages.

Alors il courut vers l'est toujours en s'élevant ; un nuage léger qui passa bien au-dessous de lui , l'éclipsa un moment , mais bientôt on le revit vivement éclairé par le soleil. Il paroissoit alors comme une étoile dans la région azurée de l'air , où les personnes qui avoient les meilleurs yeux , le virent encore s'élever , devenir un point blanc & disparoître ensuite dans le vague des cieux aux acclamations de joie & d'admiration d'un grand nombre de Spectateurs. Plusieurs curieux restèrent jusqu'à trois heures pour observer s'il ne redescendroit pas , ce qui l'auroit rendu visible , mais aucun ne l'apperçut ; & à trois heures , le vent , qui tourna plus à l'ouest , couvrit l'horizon de nuages légers , qui ne laissèrent plus d'espoir de voir le Ballon. C'est peut – être , de tous ceux qui ont été lancés avant cette époque , celui qui a été le plus haut & le plus loin. M. le Comte de N . . . , qui n'avoit point connoissance de cette Expérience , assura quelques jours après , en revenant d'*Orbec* , qu'on y avoit vu le même jour à quatre heures du soir ou environ , un

Ballon très-élevé, mais cependant très - vifible, que le vent portoit plus loin. Ce ne
peut être que celui de D..., puifque tous
les témoins de l'Expérience l'ont vu prendre la route de Lifieux, & par conféquent
celle d'Orbec, qui étoit fur la même direction. Dans ce cas, en trois ou quatre heures,
ce Globe auroit parcouru un efpace de dix
lieues en ligne droite. On n'a point eu de
nouvelles de fa chûte, quoiqu'on eût prié
par un billet, qui y étoit attaché, les perfonnes qui en auroient connoiffance, d'en
faire part à M. de L..., & de lui en
marquer l'heure, le lieu & les circonftances.

LE BALLON DU CHATEAU DE LA MUETTE.

Expérience du 21 Novembre 1783.

PROCÈS VERBAL.

AUJOURD'HUI 21 Novembre 1783, au
Château de la Muette, on a procédé à

une expérience de la Machine aéroftatique de M. de Montgolfier.

Le ciel étant couvert de nuages dans
plufieurs parties, clair dans d'autres, le
vent nord-ouest.

A midi huit minutes, on a tiré une
boite qui a fervi de fignal pour annoncer
qu'on commençoit à remplir la Machine.
En huit minutes, malgré le vent, elle a
été développée dans tous les points & prête
à partir, M. le Marquis *d'Arlandes* & M.
Pilatre de Rozier étant dans la galerie.

La premiere intention étoit de faire enlever la Machine & de la retenir avec des
cordes, pour la mettre à l'épreuve, étudier
les poids exacts qu'elle pouvoit porter, &
voir fi tout étoit convenablement difpofé
pour l'expérience importante qu'on aller
tenter.

Mais la Machine pouffée par le vent, loin
de s'élever verticalement, s'eft dirigée fur
une des allées du jardin, & les cordes qui
la retenoient, agiffant avec trop de force,
ont occafionné plufieurs déchirures, dont
une de plus de fix pieds de longueur. La

Machine

Machine ramenée fur l'eftrade , a été réparée
en moins de deux heures.

Ayant été remplie de nouveau , elle eft
partie à une heure 54 minutes , portant les
mêmes perfonnes ; on l'a vue s'élever de
la maniere la plus majeftueufe ; & lorfqu'elle
a été parvenue à environ 250 pieds de hauteur , les intrépides voyageurs, baiffant leurs
chapeaux , ont falué les fpectateurs. On n'a
pu s'empêcher d'éprouver alors un fentiment
mêlé de crainte & d'admiration.

Bientôt les navigateurs aériens ont été
perdus de vue ; mais la Machine , planant
fur l'horizon , & étalant la plus belle forme ,
a monté au moins à trois mille pieds de
hauteur , où elle eft toujours reftée vifible :
elle a traverfé la Seine au deffous de la barriere de la Conférence , & paffant de-là
entre l'Ecole Militaire & l'Hôtel des Invalides , elle a été à portée d'être vue de tout
Paris.

Les voyageurs fatisfaits de cette expérience , & ne voulant pas faire une plus
longue courfe , fe font concertés pour defcendre ; mais s'appercevant que le vent les

portoit fur les maifons de la rue de Seve ;
F. S. G. , ils ont confervé leur fens-froid ,
& développant du gaz , ils fe font élevés de
nouveau , & ont continué leur route en
l'air jufqu'à ce qu'ils aient eu dépaffé Paris.

Ils font defcendus alors tranquillement
dans la campagne , au-delà du nouveau
boulevard , vis-à-vis le moulin de *Croule-*
barbe , fans avoir éprouvé la plus légere
incommodité , ayant encore dans leur galerie les deux tiers de leur approvifionne-
ment ; ils pouvoient donc , s'ils l'euffent
défiré , franchir un efpace triple de celui
qu'ils ont parcouru; leur route a été de 4
à 5000 toifes , & le temps qu'ils y ont employé , de 20 à 25 minutes.

Cette Machine avoit 70 pieds de hauteur ,
46 pieds de diametre : elle contenoit 60000
pieds cubes , & le poids qu'elle a enlevé
étoit d'environ *feize à dix-fept cens livres.*

Fait au Château de la Muette , à cinq
heures du foir. *Signé , le Duc de Polignac ,*
le Duc de Guines , le Comte de Polaftron ,
le Comte de Vaudreuil , d'Hunaud , Ben-
jamin Franklin , Faujas de Saint-Fond ,

Delisle, *Le Roy*, de l'Académie des Sciences.

Après le Procès-verbal de cette Expérience du Globe Aéroftatique de M. de Montgolfier, on ne lira pas fans intérêt les détails de la courfe aérienne des deux perfonnes qui fe font élevées avec la Machine.

Les deux voyageurs avoient raifon de prétendre qu'ils rifqueroient moins, la Machine étant abandonnée, que lorfqu'elle étoit retenue par des cordes. Elle avoit reçu quelques dommages dans les différentes expériences, lorfqu'on lui oppofoit de la réfiftance ; & il fallut beaucoup de courage à ceux qui s'y expoferent, malgré la déchirnre qui l'avoit entrouverte, & qu'on n'avoit raccommodée qu'imparfaitement. Elle s'éleva pompenfement ; & lorfque les navigateurs aériens firent leurs adieux, tous les fpectateurs eurent un ferrement de cœur, caufé bien plus par la crainte que par l'admiration, au point que quelques femmes fe trouverent mal. Monfeigneur le Dauphin, trop jeune pour éprouver cette fenfation, n'en eut qu'une fort agréable ; en voyant le globe s'élever , il mêla les petits élans de sa joie & le battement de ses mains aux applaudissemens de tous les assistans. La Machine poussée par un vent de N. O. , s'éloigna majestueusement ; elle fut bientôt au-dessus de la riviere , vis-à-vis de Chaillot. Là elle trouva un courant d'air qui la fit monter jusqu'au milieu du petit Cours. Les intrépides voyageurs , fâchés de ne pouvoir s'éloigner de la riviere , & de planer si long-temps au-dessus d'elle , redoublerent leur feu ; ils monterent à une plus grande hauteur , où ils trouverent sans doute un autre air de vent , puisqu'en moins d'une minute , ils furent reportés au Sud , entre les Invalides & l'École Militaire , d'où le vent les conduisit sur Paris. Alors voyant la Machine fort échauffée , l'un d'eux proposa de descendre , l'Expérience étant déja assez belle ; ils étoient en ce moment sur la rue de Babylone , à l'un des bouts du fauxbourg S. Germain ; ils diminuerent leur feu : mais ayant reconnu qu'ils descendroient sur les maisons , & qu'ils étoient même portés en droiture sur les tours

de S. Sulpice, ils ranimèrent leur feu, pour
éviter ce danger, & ils traverferent en 5
à 6 minutes toute cette partie du fauxbourg
S. Germain, & une autre du fauxbourg S.
Jacques, en paffant à côté de l'Obfervatoire.
Cependant la Machine déja féchée par les
Expériences précédentes, & fortement
échauffée par un feu continuel depuis 22
minutes qui la minoit en plufieurs endroits,
étoit dans une contraction & faifoit entendre
des craquemens, qui déciderent les hardis
navigateurs à modérer leur feu; & ils alle-
rent defcendre au bout du nouveau boulevard, près de trois moulins, à une portée
de fufil de la Salpétriere.

Le vent ayant indiqué la route que le
Globe tiendroit, on avoit placé des couriers
près des Invalides & fur le nouveau boulevard qui le fuivoient, & arriverent près de
lui, prefqu'au moment de fa chûte. M. le
Duc de Chartres lui-même, ayant paffé le
bac vis-à-vis les Invalides, les avoit fuivi
ventre à terre, & il arriva affez à temps,
pour être le premier à complimenter les
hardis navigateurs, & à leur faire donner

toutes fortes de foins. Ils n'étoient pas fatigués, mais ils s'étoient fort échauffés pour
gouverner leur feu, & avoient befoin de
changer de linge. Ils n'avoient pas été fi
continuellement occupés dans leur courfe,
qu'ils n'euffent pu quelquefois confidérer
Paris, & mefurer l'étendue de l'horizon;
mais ils ne diftinguoient de Paris qu'une
grande maffe de pierres; l'objet le plus vifible pour eux, que leur réfléchiffoient fans
doute les rayons du foleil, étoit la riviere
qu'ils fuivoient dans fes finuofités, jufqu'à
Pontoife, c'eft-à-dire, auffi loin que leur
vue pouvoit s'étendre. Le vent dirigea ce
Globe de maniere que tout Paris put le voir.
Le nom des deux premiers navigateurs aériens s'affocie naturellement à celui des inventeurs de la Machine, & ils ne doivent
point en être féparés.

LETTRE

*De M. le Marquis D'ARLANDES au
retour de son voyage aérien.*

VOUS le voulez, mon cher ami, &
je me rends d'autant plus volontiers à vos
desirs, que par les questions que l'on me
fait, par les propos invraisemblables qu'on
fait tenir à M. Pilatre & à moi, je sens
qu'il est essentiel de fixer l'opinion publique
sur le détail de notre Voyage aérien. Quelques personnes pourront être étonnées
qu'ayant eu pour compagnon de Voyage un
Professeur de Physique, je ne lui laisse pas
le soin de le décrire ; mais toute surprise
cessera quand on sera instruit que des personnes de la plus haute considération jugeant
qu'une derniere Expérience dans laquelle un
homme partiroit en liberté , mettroit le
sceau à la gloire de M. Montgolfier, vous
communiquerent leurs idées ; que je fus
chargé d'en pressentir M. Montgolfier; qu'il

saisit la proposition en homme sage & sûr
de son fait ; que je ne laissai pas échapper cette
occasion de le sommer de la parole qu'il m'a-
voit donnée de me laisser faire une Expérience
en plaine & abandonné. Il y consentit ; je
partis pour la Muette ; je choisis l'emplace-
ment ; j'y mis les ouvriers , & le surlende-
main tout étoit prêt. Ce ne fut que la veille
de l'Expérience , que la prudence , qui di-
rige toutes les démarches de M. Montgolfier ,
comme la modestie couronne tous ses succès ,
lui suggéra de me donner un compagnon
de voyage. Il me proposa M. Pilatre de
Rozier ; je l'acceptai avec d'autant plus
d'empressement , qu'ayant suivi ensemble
toutes les Expériences qui se font faites chez
M. Réveillon , je connoissois parfaitement
sa capacité , son courage & son intelligence. J'ai donc été choisi par M. Montgolfier pour conduire cette Expérience. Il
est permis d'être glorieux de ce choix , &
peu naturel d'imaginer que je puisse céder
à un autre le droit acquis de publier ses
succès. Après ce préambule sans doute trop
long , mais que j'ai cru indispensable , je

vais décrire , le mieux que je pourrai , le premier Voyage que des hommes aient tenté avec fuccès à travers un élément qui , jufques à la découverte de MM. Montgolfier , fembloit fi peu fait pour les fupporter.

Nous fommes partis à 1 heure 54 minutes. La fituation de la Machine étoit telle que M. Pilatre de Rozier étoit à l'oueft & moi à l'eft. L'air de vent étoit à-peu-près nord-oueft. La Machine , dit le Public , s'eft élevée avec majefté ; mais il me femble que peu de perfonnes fe font apperçues qu'au moment où elle a dépaffé les charmilles , elle a fait un demi-tour fur elle-même. Par ce changement , M. Pilatre s'eft trouvé en avant de notre direction , & moi par conféquent en arriere. Je crois qu'il eft à remarquer que de ce moment jufqu'à celui où nous fommes arrivés , nous avons confervé la même pofition , par rapport à la ligne que nous avons parcourue : j'étois furpris du filence & du peu de mouvement que notre départ avoit occafionnés fur les Spectateurs , je crus qu'étonnés & peut-être effrayés de ce nouveau fpectacle , ils avoient befoin d'être raffurés. Je faluai du bras avec affez peu de fuccès ; mais ayant tiré mon mouchoir , je l'agitai & je m'apperçus alors d'un grand mouvement dans le Jardin de la Muette. Il m'a femblé que tous les Spectateurs qui étoient épars dans cette enceinte fe réuniffoient en une feule maffe , & que par un mouvement involontaire , elle fe portoit , pour nous fuivre vers le mur qu'elle fembloit regarder comme le feul obftacle qui nous féparoit. C'eft dans ce moment que M. Pilatre me dit , Vous ne faites rien & nous ne montons guères. Pardon , lui répondis-je , mais il falloit bien raffurer ces malheureux humains que nous laiffons là-bas dans une fituation moins douce que la nôtre. Je mis une botte de paille , je remuai un peu le feu , & je me retournai bien vîte , mais je ne pus retrouver la Muette. Etonné , je jette un regard fur le cours de la riviere , je la fuis de l'œil , enfin j'apperçois le confluent de l'Oife. Voilà donc Conflans , & nommant les autres principaux coudes de la riviere par les noms des lieux les plus voifins , je dis : Poiffy , Saint

Germain, Saint-Denis, Seve, donc je suis
encore à Passy ou à Chaillot. En effet, je
regardai par l'intérieur de la Machine, &
j'apperçus sous moi la Visitation de Chaillot.
M. Pilatre me dit dans ce moment : Voilà
la riviere, & nous baissons. Eh bien, mon
cher ami, du feu ; & nous travaillâmes.
Mais au lieu de traverser la riviere, comme
sembloit l'indiquer notre direction, qui
nous portoit sur les Invalides, nous lon-
geâmes l'isle des Cygnes, rentrâmes sur le
principal lit de la riviere, & nous la re-
montâmes jusqu'au dessus de la barriere de
la Conférence. Je dis à mon brave Compagnon : Voilà une riviere qui est bien difficile à traverser. Je le crois bien, me répondit-il, vous ne faites rien. ---- C'est
que je ne suis pas si fort que vous, & que
nous sommes bien. Je remuai le réchaud,
je saisis avec ma fourche une botte de paille,
qui sans doute trop serrée, prenoit diffici-
lement. Je la levai & la secouai au milieu
de la flamme. L'instant d'après, je me sentis
comme soulevé par-dessous les aisselles, &
je dis à mon cher Compagnon, pour cette

fois nous montons. Oui , nous montons , me répondit-il , forti de l'intérieur , fans doute pour faire quelques obfervations. Dans cet inftant , j'entendis vers le haut de la Machine un bruit qui me fit craindre qu'elle n'eût crevé. Je regardai & je ne vis rien. Comme j'avois les yeux fixés au haut de la machine , j'éprouvai une fecouffe , & c'étoit alors la feule que j'euffe reffentie. La direction du mouvement étoit de haut en bas ; je dis alors : Que faites-vous , eft-ce que vous danfez — Je ne bouge pas. — Tant mieux , dis-je , c'eft enfin un nouveau courant qui , j'efpere , nous fortira de la riviere. En effet je me tourne pour voir où nous étions , & je me trouvai entre l'Ecole Militaire & les Invalides que nous avions déjà dépaffés d'environ 400 toifes. M. Pilatre me dit en même-temps , nous fommes en plaine. Oui , lui dis-je , nous cheminons. Travaillons , me dit-il , travaillons. J'entendis un nouveau bruit dans la Machine que je crus produit par la rupture d'une corde. Ce nouvel avertiffement me fit examiner avec attention l'intérieur de notre habitation. Je

vis que la partie qui étoit tournée vers le
fud , étoit remplie de trous ronds , dont plufieurs étoient confidérables. Je dis alors à
mon brave Compagnon , il faut defcendre.--
Pourquoi ? -- Regardez , lui dis-je. En mème-
tems je pris mon éponge ; j'éteignis aifément
le peu de feu qui minoit quelques-uns des
trous que je pus atteindre ; mais m'étant
apperçu qu'en appuyant pour effayer fi le bas
de la toile tenoit bien au cercle qui l'entou-
roit , elle s'en détachoit très-facilement , je
répétai à mon brave compagnon , il faut
defcendre. Il regarda fous lui , & me dit ,
nous fommes fur Paris. --- N'importe , lui
dis-je ; mais voyons ! n'y a-t-il aucun danger
pour vous , êtes-vous bien tenu ? -- Oui. --
J'examinai de mon côté & j'apperçus qu'il
n'y avoit rien à craindre. Je fis plus , je
frappai de mon éponge les cordes principales
qui étoient à ma portée. Toutes réfifterent,
il n'y eut que deux ficelles qui partirent. Je
dis alors , nous pouvons traverfer Paris. Pendant cette opération , nous nous étions fenfiblement approchés des toits. Nous faifons
du feu & nous nous relevons avec la plus gran-

de facilité. Je regardai fous moi , & je dé-
couvre parfaitement les Miffions étrangeres.
Il me fembloit que nous nous dirigions vers
les tours de St. Sulpice , lefquelles je pouvois
appercevoir par l'étendue du diametre de
notre ouverture. En nous relevant , un courant d'air nous fit quitter cette direction pour
nous porter vers le fud. Je vis fur ma gauche
une efpece de bois que je crus être le Luxem-
bourg ; nous traverfons le Boulevard , &
je m'écrie , pour le coup , pied à terre. Nous
ceffons le feu ; l'intrépide Pilatre , qui ne
perd point la tête , & qui étoit en avant de
notre direction , jugeant que nous donnions
dans les moulins qui font entre le petit Gen-
tilly & le Boulevard , m'avertit. Je jette
une botte de paille , en la fecouant pour l'en-
flammer plus vivement ; nous nous relevons ,
& un nouveau courant nous porte un peu fur
la gauche. Mon brave Compagnon me crie
encore , gare les moulins ; mais mon coup
d'œil fixé par le diametre de l'ouverture ,
me faifant juger plus furement de notre direction , je vis que nous ne pouvions pas les
rencontrer , & je lui dis , arrivons. L'inf-

tant d'après je m'apperçus que je paſſois ſur
l'eau. Je crus que c'étoit encore la riviere ;
mais arrivé à terre , j'ai reconnu que c'étoit
l'étang qui fait aller les machines de la Manufacture de toiles peintes de MM. Brenier &
Comp. Nous nous ſommes poſés ſur la Butte
aux Cailles , entre le Moulin des Merveilles
& le Moulin Vieux , environ à 50 toiſes de
l'un & l'autre. Au moment où nous étions
près de terre , je me ſoulevai ſur la galerie
en y appuyant les deux mains ; je ſentis le haut
de la Machine preſſer foiblement ma tête ;
je la repouſſai & ſautai hors de la galerie ;
en me retournant vers la Machine , je crus
la trouver pleine ; mais quel fût mon étonnement , elle étoit parfaitement vuide &
totalement applatie. Je ne vois point M. Pilatre , je cours de ſon côté pour l'aider à ſe
débarraſſer de l'amas de toile qui le couvroit ;
mais avant d'avoir tourné la Machine , je
l'apperçus ſortant de deſſous en chemiſe , at-
tendu qu'avant de deſcendre , il avoit quitté
ſa redingote & l'avoit miſe dans ſon panier.
Nous étions ſeuls , & pas aſſez forts pour
renverſer la galerie & retirer la paille qui

étoit enflammée. Il s'agissoit d'empêcher qu'elle ne mît le feu à la Machine. Nous crûmes alors que le seul moyen d'éviter cet inconvénient étoit de déchirer la toile. M. Pilatre prit un côté , moi l'autre , & en tirant violemment, nous découvrîmes le foyer. Du moment qu'il fut délivré de la toile qui empêchoit la communication de l'air , la paille s'enflamma avec force. En secouant un des paniers, nous jettons le feu sur celui qui avoit servi à mon Compagnon ; la paille qui y restoit prend feu ; le peuple accourt, se saisit de la redingote de M. Pilatre & se la partage. La Garde survient : avec son aide , en dix minutes notre Machine fut en sûreté , & une heure après elle étoit chez M. Réveillon , où M. de Montgolfier l'avoit fait construire.

La premiere personne de marque que j'aie vue à notre arrivée , est M. le Comte de Laval. Bientôt après , le Couriers de M. le Duc & Mme. la Duchesse de Polignac , vinrent pour s'informer de nos nouvelles. Je souffrois de voir mon brave Compagnon en chemise ; & craignant que sa santé n'en fut altérée , vu que nous nous étions très-

échauffés

échauffés en pliant la Machine , j'exigeai de
lui qu'il se retirât dans la premiere maison ;
le Sergent de garde l'y escorta pour lui
donner la facilité de percer la foule. Il
rencontra sur son chemin Mgr. le Duc de
Chartres , qui nous avoit suivis , comme
l'on voit , de très-près ; car j'avois eu
l'honneur de causer avec lui un moment
avant notre départ : enfin , il nous arriva
des voitures ; il se faisoit tard ; M. Pilatre
n'ayant qu'une mauvaise redingote qu'on lui
avoit prêtée , ne voulut point venir à la
Muette. Je partis seul , quoiqu'avec le plus
grand regret de quitter mon brave Compagnon.

Voilà , mon cher Faujas , un récit bien
long & bien diffus ; mais vous l'avez voulu.
J'espere que vous serez moins mécontent
du Mémoire que l'Acadamie m'a chargé de
rédiger , que vous y trouverez quelques
remarques intéressantes , & , je crois , un
moyen de se diriger à volonté.

P

LE BALLON DES TUILERIES.

Expérience du premier Décembre 1783.

Lettre de M. ROBERT, du 19 Novembre 1783.

NOUS avons annoncé il y a six semaines de nouvelles expériences aéroſtatiques, pour ſervir de ſuite à celle que nous avons faite au Champ de Mars ſous la direction & d'après les théoriés de M. Charles.

Nous venons de conſtruire à cet effet, & toujours ſur les mêmes principes, un nouveau Globe beaucoup plus conſidérable que le premier. Ce Globe a 26 pieds de diametre & déplace environ 800 livres d'air.

Les Expériences que nous nous propoſons de faire auront lieu le même jour, du 26 au 30 de ce mois, dans un enclos auprès de Paris, que nous indiquerons quelques jours auparavant.

Voici une notice de ces Expériences.

1°. Si les circonstances le permettent ; c'est-à-dire, s'il ne fait point un vent trop impétueux, une personne s'élevera dans un char appendu au bas de ce Globe, à une hauteur assez considérable pour tenter diverses Expériences sur l'électricité & la densité de l'atmosphere, ainsi que sur la gravitation des corps.

2°. Ces Expériences faites ou essayées ; nous descendrons cette personne, ainsi que le Globe, à l'aide des cordes qui les retiendront ; nous monterons nous deux à sa place ; on coupera les cordes & nous voguerons dans l'athmosphere à *Ballon perdu.* Nous nous servirons pour monter & descendre *à volonté*, de moyens aussi sûrs que simples, que M. Charles fera connoître à la fin du Mémoire historique qu'il se propose de publier incessamment sur tous ces objets.

3°. Si les circonstances s'opposent aux Expériences indiquées ci-dessus, la derniere n'auroit pas moins lieu, c'est-à-dire, que nous partirions toujours avec le Globe, ainsi que nous venons de le dire.

4°. Si par hazard le Globe se trouvoit fatigué par les premieres Expériences, alors l'un de nous deux partiroit seul.

5°. Si le temps étoit trop défavorable, c'est-à-dire, s'il pleuvoit fort, s'il faisoit un brouillard épais, un vent de tempête, l'Expérience seroit remise au lendemain.

Nous avons fait construire ce Globe à nos frais, ainsi que tous ses accessoires, & c'est un objet d'environ 10000 livres au moment où il partira, & nous voilà prêts tout-à-l'heure.

PRECIS *sur l'Expérience des Tuileries, du premier Décembre* 1783.

LES procédés pour remplir ce globe de gaz inflammable exigerent plus de temps qu'on n'avoit pensé, & pour en obtenir une quantité suffisante, il fallut plus de 70 heures. Enfin un accident qui arriva dans la nuit du Vendredi par l'imprudence d'un ouvrier, pensa devenir funeste à l'opération. Cet ouvrier ayant placé un lampion trop près d'un tonneau rempli de gaz, le gaz prit feu & le tonneau éclata. Heureufement que l'ouvrier en fut quitte pour quelques brû- lures au vifage, & cette détonation n'eut pas les fuites fâcheufes qu'elle pouvoir avoir. Malgré cet accident, l'époufe de l'un des Phyficiens vouloit abfolument monter dans le char attaché au globe; on affure même qu'une autre femme voilée fe préfenta la veille chez MM. *Robert*, leur offrant 50 louis pour obtenir la permiffion de faire avec l'un d'eux le voyage aérien; ces Dames furent poliment refufées.

Jamais il ne fut une plus belle journée que celle de l'expérience. La réunion de tout le beau monde de Paris dans le jardin des Tuileries & fur les terraffes, & au-dehors 400 mille perfonnes formoient le fpectacle le plus fuperbe.

Le globe étoit de taffetas peint à ban- des jaunes & rouges. Le char qui étoit au-deffous & dans lequel s'éleverent MM. *Charles & Robert*, étoit peint en bleu & en or. Il étoit appendu au globe par un grand nombre de ficelles attachées à un

bourlet formé par les extrémités d'un filet
qui embrassoit le globe depuis son pole supérieur, jusqu'à son équateur ; on avoit cal-
culé que ce filet pressant d'une maniere
égale la moitié du globe, pouvoit élever
un poids de 3 à 400 livres. Le char étoit
appendu à environ 20 pieds de distance
de la partie inférieure du globe, & le
robinet placé à l'orifice du globe, n'avoit
d'autre emploi que celui de donner la
facilité de remplir & de vuider la machine
de gaz.

Voici le procédé qui fut employé pour
charger le globe de gaz.

Sur une estrade élevée étoit placé un
gros tuyau de réunion, auquel fut adapté
l'énorme sac de taffetas. Autour de l'estrade étoient rangés des tonneaux remplis
de gaz, & à chacun d'eux étoit adapté
un tuyau particulier qui correspondoit au
tuyau de réunion. Au signal donné, on
donna entrée par le bas des tonneaux à
l'air extérieur qui chassa le gaz par en haut,
& qui le porta dans le globe : il se remplit
assez promptement, & à une heure 40 mi-

nutes il s'éleva pompeufement avec MM.
Charles & *Robert*. Le bruit s'étoit répandu
que le globe feroit retenu par des cordes,
& que ces MM. ne partiroient point à *Ballon
perdu*, ainfi qu'ils l'avoient annoncé ; mais
lorfqu'on vit la machine s'élever librement
dans les airs, portant nos hardis Voyageurs
dans un char qui devenoit pour eux un char
de triomphe, malgré le fentiment de crainte
dont on ne put d'abord fe défendre, les
applaudiffemens les plus vifs retentirent de
toutes parts.

Le départ fut affez filencieux, le Public
étant d'abord partagé entre la furprife &
l'inquiétude : bientôt la joie devint générale,
& il n'y eut plus qu'un vœu pour le retour
des nouveaux Argonautes. La Machine s'é-
loignant, on la falua par des battemens de
mains & en élevant les chapeaux ; les Suiffes
mêmes participerent à la joie publique, en
balançant leurs fabres en l'air. Jamais les
Sciences n'ont offert un fpectacle auffi ma-
jeftueux, auffi impofant, & la Nation doit
s'enorgueillir d'une découverte que nous au-
rions reléguée, il y a fix mois, dans la

claſſe des menſonges hiſtoriques , ſi on nous l'eût citée , même d'Archimede. M. *de la Lande* , de l'Académie des Sciences , enthouſiaſmé de cette ſuperbe Expérience , convaincu du ſuccès qu'elle devoit avoir , ſollicita , comme une faveur , de monter dans la Machine pour y ſuivre ſpécialement les Expériences qui avoient été préparées ; mais il étoit juſte de laiſſer cette préférence à MM. *Charles* & *Robert*.

Avant l'aſcenſion de la machine aéroſtatique , on avoit lancé un petit globe verd , dont l'honneur avoit été réſervé à *M. Montgolfier* : ce fut lui qui le lança. Ce premier globe s'étant élevé perpendiculairement , fut apperçu pendant 14 minutes par des vues perçantes , qui n'avoient pas ceſſé de le fixer : au bout de 5 minutes , il paroiſſoit comme une éméraude , & bientôt après comme une étoile. Il fut dirigé par le vent d'Oueſt , & la Machine aéroſtatique par le vent de Sud-Eſt.

Les voyageurs étant à quarante ou cinquante pieds de hauteur , jetterent leurs chapeaux en ſigne d'adieux ; ils agiterent auffi des drapeaux blancs & rouges, qu'ils laifferent tomber lorfqu'ils parvinrent à des hauteurs convenues avec les Obfervateurs de l'Académie, placés fur le donjon du Château des Tuileries. Pouffés par un vent foible, ils s'éleverent en paffant fur le Faux-bourg Saint-Honoré, Mouffeaux, &c., à la hauteur de deux cens cinquante toifes environ, de forte qu'on ne les perdit de vue qu'à mefure qu'ils s'éloignerent. Ils difparurent en 55 minutes aux yeux des fpectateurs placés aux Tuileries. Lorfqu'ils ne diftinguerent plus rien fur la terre, & qu'ils furent certains qu'on ne les apperce-voit pas, même avec les télefcopes, ils quit-terent leur pofition, s'affirent, burent tran-quillement leur vin de Rota, & mangerent les provifions dont ils s'étoient munis. Ils difent que rien n'eft comparable à la pureté de l'air, à la tranquillité, *au bien-aifé* dont ils jouiffoient à la hauteur où ils naviguoient. La terre ne paroiffoit à leurs yeux que comme un grand plat, nuancé de différentes ban-des grifes, noires & blanches; ils volerent ainfi pendant une heure, & paffant fur la

Montagne de Saunoy, le lieu le plus élevé qu'ils eussent distingué sur leur route, ils descendirent plusieurs toises en ouvrant la soupape, & appercevant des paysans, ils s'entretinrent avec eux au moyen de leur porte-voix. Ignorant un quart d'heure après où ils étoient, ils s'abattirent un peu plus bas, & demanderent le nom de l'endroit. On leur répondit, vous êtes sur l'isle-Adam. *Salut à Conti*, s'écria alors M. Charles, & jettant une partie de son lest, il s'éleva à plus de cent toises. Il fit encore une lieue à cette hauteur; alors voyant de belles plaines, il proposa à son jeune ami de le mettre à terre, pour pouvoir, lui-même, étant débarrassé de ce poids, qui étoit de cent vingt-cinq livres, monter à une région plus élevée, & faire ses observations. Le jeune Robert y consentit; on ouvrit la soupape, & le Globe descendit mollement, au point qu'il ne toucha la terre qu'après l'avoir rasée à trois ou quatre pieds, l'espace de quarante toises.

Mgr. le Duc de *Chartres* & quelques Seigneurs avoient suivi. A deux heures ils

avoient vu le Globe fur Argenteuil , à trois
heures fur l'Isle-Adam , à trois heures trois
quarts ils le virent defcendre à 9 lieues de
Paris dans la prairie de Nesle , entre ce
Village & celui d'*Hedouville*. Ce fait fut
conftaté par un procés verbal , dreffé au
moment de fa defcente , par M. *Charles* ,
dans le char même ; car ils ne pouvoient
en fortir fans remplacer leur poids par
un left équivalent. Mgr. le Duc de *Char-*
tres , le Duc de *Fitz-James* & Milord
Farrer , arrivés à Nesle avec lui , figne-
rent ce procès-verbal.

M. *Charles* , empreffé de faire une feconde expérience , travailla à s'élever feul ;
le poids du left de la Machine étoit diminué
par la fortie de M. Robert , il quitta donc
à quatre heures & un quart la prairie de
Nesle avec une légéreté fpécifique , évaluée
à environ 125 livres. La viteffe avec laquelle il monta fut telle , qu'en moins de
fix minutes on le perdit de vue , & qu'en
10 minutes il parvint à une hauteur fi confidérable , que le barometre qui marquoit
à terre 28 pouces 4 lignes , étoit alors def-

cendu à 18 pouces 10 lignes , ce qui par
évaluation à une ligne par dix toises lu*i*
donna à-peu-près une hauteur de *quinze cent
vingt - quatre toises* , ou *neuf mille cent
quarante-quatre pieds ;* c'est environ quarante-quatre fois la hauteur des Tours de
Notre-Dame ; il évalua cette élévation par
son barometre , & par le froid qu'il ressentit ,
principalement à la tête. Un tintement qu'il
eut dans les oreilles , la plume qui lui tomba
des mains en voulant faire ses observations ,
lui indiquerent qu'il risquoit trop en restant
dans une température aussi froide ; & sur le
champ il ouvrit sa soupape pour descendre ;
il reparut aux yeux des gens qui le suivoient
à l'aide de la direction du vent. Après
plusieurs déviations , causées par les différens courans d'air , il descendit , trente-
cinq minutes après son départ , sur la Terre
de M. Farrer. Ce Gentilhomme se trouva
auprès du Globe au moment où il toucha la
terre. *Je vous confisque* , dit-il à M. Charles
en l'embrassant , *vous êtes sur ma Terre ;
vous m'appartenez , & je vous emmene
prisonnier dans mon Château.* M. Charles

profita de cette offre gracieuse ; il paſſa la nuit chez cet aimable Gentilhomme, & le lendemain partant à dix heures du matin, il n'arriva à Paris qu'à cinq heures & demie du ſoir.

Cette Expérience déciſive pour la navigation aérienne n'aura point été oiſeuſe ; ce n'eſt pas un ſimple objet de curioſité publique ; les Sciences vont déſormais s'enrichir par des découvertes précieuſes. Ce n'eſt pas qu'on ne ſoit parvenu ſur les montagnes à des hauteurs très-conſidérables ; mais l'air des montagnes participe des émanations du ſol & n'eſt qu'une athmoſphere terreſtre.

LETTRE de M. CHARLES.

L'INTÉRÊT dont j'apprends que le Public m'a honoré me fait un devoir de lui adreſſer, à mon arrivée, une courte notice de la ſuite de mon voyage. Parti ſeul dans la Machine Aéroſtatique, à 4 heures & un quart, de la prairie de *Nesle*, avec une légéreté ſpécifique évaluée environ à 125 livres, je fus élevé

par une vîteffe, telle qu'en 10 minutes, je
fuis parvenu à une hauteur où le Barometre,
de 28 pouces 4 lignes qu'il étoit à terre, eft
defcendu à 18 pouces 10 lignes, ce qui,
par évaluation, fait à peu près QUINZE CENS
VINGT-QUATRE TOISES. De fon côté, le
thermometre, qui marquoit à terre 7 degrés
& demi au-deffus de o, eft defcendu dans cet
intervalle à 5 degrés au deffous de o, terme
de la glace; en forte qu'en 10 minutes, j'ai
paffé de la température du printemps à celle
de l'hiver. Cette tranfition prefque fubite de
12 degrés ne m'a fait éprouver d'autre fenfation que celle d'un froid très-fec & par conféquent moins infupportable.

La nuit, le froid, & fur-tout l'engage-
ment que j'avois contracté avec Mgr. le Duc
de Chartres, m'ont déterminé à defcendre
au bout de 35 minutes. J'ai mis pied à terre
dans les friches du bois de *la Tour du Lay*.
La diftance que j'ai parcourue pendant ces 35
minutes étoit, par terre, d'une lieue & demie; mais j'en ai fait plus de trois dans les
airs, relativement à des déviations fréquen-
tes, dont quelques-unes m'ont ramené fur

moi-même. J'ai couché hier chez M. *Farrer*, Gentilhomme Anglois , qui, m'ayant apperçu dans ma route aérienne , s'eſt trouvé à ma deſcente. Parti aujourd'hui de chez lui à dix heures du matin, après m'être occupé de vuider & ployer le Globe , je ſuis arrivé à Paris à cinq heures & demie du ſoir. J'obſerve , Meſſieurs, qu'indépendamment du voyage heureux que M. *Robert* & moi avons fait , il n'eſt arrivé aucune eſpece d'accident à la Machine.

EXTRAIT d'un Diſcours de M. CHARLES dans la ſéance de . . . . au retour de ſon voyage aérien.

Nous avons fait précéder notre aſcenſion , de l'enlévement d'un Globe de cinq pieds huit pouces , deſtiné à nous faire connoître la premiere direction du vent , & à nous frayer à peu près la route que nous allions prendre. Nous l'avons fait préſenter à M. de Montgolfier , que nos amis avoient eu ſoin de placer dans l'enceinte autour de nous ; M. de Montgolfier coupa la corde ,

& le Globe s'élança. Le Public a compris cette allégorie simple : j'ai voulu faire entendre qu'il avoit eu le bonheur de tracer la route.

Le Globe échappé des mains de M. de Montgolfier s'élança dans les airs, & sembla y porter le témoignage de notre réunion ; les acclamations l'y suivoient. Pendant ce temps nous préparions à la hâte notre fuite ; les circonstances orageuses qui nous pressoient, nous empêcherent de mettre à nos dispositions toute la précision que nous nous étions proposée la veille. Il nous tardoit de n'être plus sur la terre. Le Globe & le Char en équilibre touchoient encore au sol qui nous portoit ; il étoit une heure trois quarts. Nous jetons 19 livres de lest , & nous nous élevons au milieu du silence concentré par l'émotion & la surprise de l'un & de l'autre parti. Jamais rien n'égalera ce moment d'hilarité qui s'empara de mon existence, lorsque je sentis que je fuyois la terre ; ce n'étoit pas du plaisir , c'étoit du bonheur. Echappé aux tourmens affreux de la persécution & de la calomnie , je sentis que je répondois à tout en m'élevant
au-dessus

au-deſſus de tout. A ce ſentiment moral
ſuccéda bientôt une ſenſation plus vive encore, l'admiration du majeſtueux ſpectacle qui
s'offroit à nous. De quelque côté que nous
abaiſſaſſions nos regards , tout étoit têtes ;
au-deſſus de nous , un ciel ſans nuage ; dans
le lointain , l'aſpect le plus délicieux. Oh !
mon ami , diſois-je à M. Robert , quel eſt notre bonheur ! J'ignore dans quelle diſpoſi-
tion nous laiſſons la terre ; mais comme le
ciel eſt pour nous ! quelle férénité ! quelle
ſcene raviſſante ! Que ne puis-je tenir ici
le dernier de nos détracteurs , & lui dire ?
Regarde , malheureux , tout ce qu'on perd
à arrêter le progrès des Sciences.

Tandis que nous nous élevions progreſſive-
ment par un mouvement accéléré , nous nous
mîmes à agiter dans l'air nos banderoles en
ſigne d'alégreſſe , & afin de rendre la ſécu-
rité à ceux qui prenoient intérêt à notre ſort,
pendant ce temps , j'obſervois toujours le
barometre. M. Robert faiſoit l'inventaire de
nos richeſſes : nos amis avoient leſté notre
Char , comme pour un voyage de long cours ;
vins de Champagne , &c. , couvertures &

Q

fourrures , &c. Bon , lui dis- je , voilà de quoi jeter par la fenêtre. Il commença par lancer une couverture de laine à travers les airs ; elle s'y déploya majeſtueuſement , & vint tomber auprès du dôme de l'Aſſomption. Alors le barometre deſcendit environ à 26 pouces ; nous avions ceſſé de monter , c'eſt-à-dire , que nous étions élevés environ à 300 toiſes. C'étoit la hauteur à laquelle j'avois promis de nous contenir ; & en effet , depuis ce moment juſqu'à celui où nous avons diſparu aux yeux des Obſervateurs en ſtation , nous avons toujours compoſé notre marche horizontale entre 26 pouces de mercure , & 26 pouces 8 lignes ; ce qui s'eſt trouvé d'accord avec les obſervations de Paris. Nous avions ſoin de perdre du leſt à meſure que nous deſcendions par la perte inſenſible de l'air inflammable , & nous nous élevions ſenſiblement à la même hauteur. Si les circonſtances nous avoient permis de mettre plus de préciſion à ce leſt , notre marche eût été preſqu'abſolument horizontale & à volonté.

Arrivés à la hauteur de Mouſſeaux que nous

laiffions un peu à gauche , nous reftâmes un
inftant ftationnaires. Notre char fe retourna ,
& enfin nous filâmes au gré du vent. Bientôt
nous paffons la Seine entre Saint-Ouen & Af-
nieres , & telle fut à peu près notre marche
aérographique , laiffant Colombe fur la gauche , paffant prefque au-deffus de Gennevil-
liers. Nous avons traverfé une feconde fois
la riviere , en laiffant Argenteuil fur la gauche ; nous avons paffé à Sanois , Francon-
ville , Eeaubonne , Saint-Leu-Taverny, Vil-
liers , traverfé l'Isle Adam , & enfin Nesle ,
où nous avons defcendu. Tels font à peu
près les endroits fur lefquels nous avons dû
paffer prefque perpendiculairement. Ce trajet
fait environ neuf lieues de Paris , & nous l'a-
vons parcouru en deux heures , quoiqu'il n'y
eût dans l'air prefque pas d'agitation fenfible.
Durant tout le cours de ce délicieux voyage ,
il ne nous eft pas venu en penfée d'avoir la
plus légere inquiétude fur notre fort & celui
de notre machine. Le Globe n'a fouffert d'autre altération que les modifications fucceffives
de dilatation & de compreffion dont nous
profitions pour monter & defcendre à volonté

d'une quantité quelconque. Le Thermomètre a été pendant plus d'une heure entre 10 & 12 degrés au-dessus de o, ce qui vient de ce que l'intérieur de notre Char étoit réchauffé par les rayons du soleil. Sa chaleur se fit bientôt sentir à notre Globe, & contribua, par la dilatation de l'air inflammable intérieur, à nous tenir à la même hauteur sans être obligés de perdre de notre lest; mais nous faisions une perte plus précieuse, l'air inflammable, dilaté par la chaleur solaire, s'échappoit par l'appendice du Globe, que nous tenions à la main & que nous lâchions suivant les circonstances pour donner issue à l'air trop dilaté. C'est par ce moyen simple que nous avons évité ces expansions & ces explosionsque les personnes peu instruites redoutoient pour nous. L'air inflammable ne pouvoit pas briser sa prison, puisque la porte lui en étoit toujours ouverte, & l'air athmosphérique ne pouvoit entrer dans le Globe, puisque la pression même faisoit de l'appendice une véritable soupape qui s'opposoit à sa rentrée.

Au bout de 5 minutes de marche, nous entendimes le coup de canon qui étoit le signal

de notre difparition aux yeux des Obfervateurs de Paris. Nous nous réjouîmes de leur
avoir échappé. N'étant plus obligé de compo-
fer ftrictement notre courfe horizontale,
ainfi que nous avions fait jufqu'alors, nous
nous fommes abandonnés plus entiérement
aux fpectacles variés que nous préfentoit l'immenfité des campagnes au-deſſus defquelles
nous planions; dès ce moment nous n'avons
plus ceffé de converfer avec leurs Habitans
que nous voyions accourir vers nous de toutes parts; nous entendions leurs cris d'alégreffe, leurs vœux, leur follicitude, en un
mot l'alarme de l'admiration. Nous criions
vive le Roi, & toutes les campagnes répon-
doient à nos cris. Nous entendions très-diftinc-
tement, *mes bons amis, n'avez-vous point
peur ? n'êtes - vous point malades ? Dieu,
que c'eſt beau ! Nous prions Dieu qu'il vous
conferve : adieu, mes amis.* J'étois touché
jufqu'aux larmes de cet intérêt tendre & vrai
qu'infpiroit un fpectacle auffi nouveau. Nous
agitions fans ceffe nos pavillons, & nous nous
appercevions que ces fignaux redoubloient
l'alégreffe & la fécurité. Plufieurs fois nous

descendions assez bas pour mieux nous faire
entendre ; on nous demandoit d'où nous
étions partis & à quelle heure , & nous mon-
tions plus haut en leur disant adieu. Nous jet-
tions successivement , & suivant les circonstances , redingotes , manchons , habits. Planant au-dessus de l'Isle-Adam, après avoir ad-
miré cette délicieuse campagne , nous fîmes
encore le salut des pavillons ; nous demandâ-
mes des nouvelles de Mgr. le Prince de Conti:
on nous cria avec un porte-voix qu'il étoit à
Paris , qu'il en seroit bien fâché. Nous re-
grettions de perdre une si belle occasion de lui
faire notre cour , & nous serions en effet des-
cendus au milieu de ses jardins, si nous avions
voulu ; mais nous prîmes le parti de prolon-
ger encore notre course , & nous remontâ-
mes ; enfin nous arrivons près des plaines de
Nesle. Il étoit trois heures & demie passées ;
j'avois le dessein de faire un second voyage &
de profiter de nos avantages ainsi que du jour.
Je proposai à M. Robert de descendre. Nous
voyions de loin des grouppes de Paysans qui
se précipitoient devant nous à travers les
champs. Laissons-nous aller , lui dis-je ; alors

nous defcendîmes vers une vafte prairie. Des
arbuftes, quelques arbres bordoient fon enceinte. Notre char s'avançoit majeftueufement
fur un plan incliné très - prolongé. Arrivé près
de ces arbres, je craignis que leurs branches
ne vinffent heurter le Char. Je jettai deux livres de left, & le Char s'éleva par - deffus,
en bondiffant à peu près comme un courfier
qui franchit une haie. Nous parcourûmes plus
de vingt toifes à un ou deux pieds de terre ;
nous avions l'air de voyager en traîneau. Les
Payfans couroient après nous, fans pouvoir
nous atteindre, comme des enfans qui pour-
fuivent des papillons dans une prairie. Enfin
nous prenons terre. On nous environne. Rien
n'égale la naïveté ruftique & tendre, l'effu-
fion de l'admiration & de l'alégreffe de tous
ces Villageois.

Je demandai fur le champ les Curés, les
Syndics ; ils accouroient de tous côtés ; il
étoit fête fur le lieu. Je dreffai auffi-tôt un
court procès verbal qu'ils fignèrent. Arrive
un grouppe de Cavaliers au grand galop ; c'é-
toit Mgr. le Duc de Chartres, M. le Duc de
Fitz-James, & M. Farrer, Gentilhomme

Anglois , qui nous fuivoient depuis Paris.
Par un hazard très - fingulier nous étions defcendus auprès de la maifon de chaffe de ce
dernier. Il faute de deffus fon cheval , s'é-
lance fur notre char , & dit en m'embraf-
fant , *M. Charles* , *moi premier.* Nous fû-
mes comblés des careffes du Prince qui nous
embraffa tous deux dans notre Char & eut
la bonté de figner notre procès verbal : M.
le Duc de Fitz-James en fit autant ; M. Farrer le figna trois fois de fuite. On a omis fa
fignature dans le Journal , parce qu'on n'a pu
la lire ; il étoit fi agité de plaifir , qu'il ne
pouvoit écrire. De plus de cent Cavaliers qui
couroient après nous depuis Paris , & que
nous appercevions à peine du haut de notre
Char , c'étoient les feuls qui euffent pu nous
joindre. Les autres avoient crevé leurs chevaux ou y avoient renoncé. Je racontai briè-
vement à Mgr. le Duc de Chartres quelques
circonftances de notre Voyage. Ce n'eft pas
tout , Monfeigneur , ajoutai-je en fouriant ,
je m'en vais repartir. — Comment , repartir ? — Monfeigneur , vous allez voir. Il y
a mieux : quand voulez - vous que je redef-

cende ? --- Dans une demi-heure. --- Eh bien;
foit , Monfeigneur , dans une demi-heure je
fuis à vous. M. Robert defcendit du Char ,
ainfi que nous étions convenus en voyageant.
Trente Payfans ferrés autour & appuyés deffus , & le corps prefque plongés dedans ,
l'empêchoient de s'envoler. Je demandai de
la terre pour me faire un left ; il ne m'en reftoit plus que trois ou quatre livres. On va
chercher une bêche qui n'arrive point. Je demande des pierres , il n'y en avoit pas dans
la prairie. Je voyois le temps s'écouler , le
foleil fe coucher. Je calculai rapidement la
hauteur poffible où pouvoit m'élever la légéreté fpécifique de 130 que je venois d'acquérir par la defcente de M. Robert , & je dis
à Mgr. le Duc de Chartres : Monfeigneur ,
je pars. Je dis aux Payfans , mes amis , re-
tirez-vous tous en même temps des bords du
Char , au premier fignal que je vais faire ; &
je vais m'envoler. Je frappe de la main , ils
fe retirent , je m'élançai comme l'oifeau ;
en dix minutes , j'étois à plus de 1500 toifes, je n'appercevois plus les objets terreftres ,
je ne voyois plus que les grandes maffes de la

nature. Dès en partant, j'avois pris mes précautions pour échapper aux dangers de l'ex-
plosion du Globe, & je me disposai à faire
les observations que je m'étois promises. D'a-
bord, afin d'observer le barometre & le thermometre placés à l'extrêmité du Char, sans
rien changer au centre de gravité, je m'age-
nouillai au milieu, la jambe & le corps tendus en avant, ma montre & un papier dans
la main gauche, ma plume & le cordon de
la soupape dans ma droite. Je m'attendois à
ce qui alloit arriver. Le Globe, qui étoit
assez flasque à mon départ, s'enfla insensi-
blement. Bientôt l'air inflammable s'échappa
à grands flots par l'appendice. Alors je tirois
de temps en temps la soupape pour lui donner
à la fois deux issues, & je continuois ainsi à
monter en perdant de l'air. Il sortoit en sifflant
& devenoit visible, ainsi qu'une vapeur
chaude qui passe dans une athmosphere beaucoup plus froide. La raison de ce phénomene
est simple. A terre, le thermometre étoit à 7
degrés au-dessus de la glace; au bout de 10
minutes d'ascension, j'avois 5 degrés au-dessous. L'on sent que l'air inflammable contenu

n'avoit pas eu le temps de fe mettre en équilibre de température. Son équilibre élaftique étant beaucoup plus prompt que celui de
la chaleur, il en devoit fortir une plus grande
quantité que celle que la dilatation extérieure
de l'air pouvoit déterminer par fa moindre
preffion. Quant à moi , expofé à l'air libre ,
je paffai en 10 minutes de la température
du printemps à celle de l'hiver. Le froid
étoit vif & fec , mais point infupportable.
J'interrogeois alors paifiblement toutes mes
fenfations , *je m'écoutois vivre* , pour ainfi
dire , & je puis affurer que dans le premier
moment , je n'éprouvai rien de défagréable
dans ce paffage fubit de dilatation & de
température. Lorfque le barometre ceffa de
monter , je notai très-exactement 18 pouces
10 lignes. Cette obfervation eft de la plus
grande rigidité. Le mercure ne fouffroit aucune ofcillation fenfible. J'ai déduit de cette
ofcillation une hauteur de 1524 toifes environ , en attendant que je puffe intégrer ce
calcul , & y mettre plus de précifion. Au
bout de quelques minutes le froid me faifit
les doigts, je ne pouvois prefque plus tenir

la plume. Mais je n'en avois plus befoin, j'étois ftationnaire, & n'avois plus qu'un mouvement horizontal. Je me relevai au milieu du char & m'abandonnai au fpectacle que m'offroit l'immenfité de l'horizon. A mon départ de la prairie, le foleil étoit couché pour les habitans des vallons, bien- tôt il fe leva pour moi feul, & vint encore une fois dorer de fes rayons le Globe & le Char. J'étois le feul corps éclairé dans l'ho- rizon, & je voyois tout le refte de la na- ture plongée dans l'ombre. Bientôt le foleil difparut lui-même, & j'eus le plaifir de le voir fe coucher deux fois dans le même jour. Je contemplai quelques inftans le va- gue de l'air & les vapeurs terreftres qui s'élevoient du fein des vallées & des rivieres. Les nuages fembloient fortir de la terre & s'amonceler les uns fur les autres en con- fervant leur forme ordinaire. Leur couleur feulement étoit grisâtre & monotone, effet naturel du peu de lumiere divaguée dans l'atmofphere. La lune feule les éclairoit. Elle me fit obferver que je revirai de bord deux fois, & je remarquai de véritables

courans qui me ramenerent fur moi-même;
J'eus plufieurs déviations très-fenfibles. Je
fentis avec furprife l'effet du vent & je vis
pointer les banderolles de mon pavillon;
nous n'avions pu obferver ce phénomene dans
notre premier voyage. Je remarquai les circonftances de ce phénomene & ce n'étoit
point le réfultat de l'afcenfion ou de la defcente ; je marchois alors dans une direction
fenfiblement horizontale. Dès ce moment
je conçus, peut-être un peu trop vîte , l'efpérance de fe diriger. Au furplus, ce ne fera
que le fruit du tâtonnement, des obfervations
& des expériences les plus réitérées.

Au milieu du raviffement inexprimable ,
& de cette extafe contemplative , je fut rap-
pellé à moi-même par une douleur très-ex-
traordinaire , que je reffentis dans l'intérieur
de l'oreille droite & dans les glandes maxil-
laires. Je l'attribuai à la dilatation de l'air contenu dans le tiffu cellulaire de l'organifme ,
autant qu'au froid de l'air environnant. J'é-
tois en vefte & la tête nue. Je me couvris d'un
bonnet de laine , qui étoit à mes pieds ; mais
la douleur ne fe diffipa qu'à mefure que j'at-

rivois à terre. Il y avoit environ sept à huit
minutes, que je ne montois plus; je com-
mençois même à descendre par la condensa-
tion de l'air inflammable intérieur. Je me
rappellai la promesse que j'avois faite à Mgr.
le Duc de Chartres de revenir à terre au bout
d'une demi - heure. J'accélerai ma descente,
en tirant de temps en temps la soupape supérieure. Bientôt le Globe vuide presque à moitié ne me présentoit plus qu'un hémisphere.
J'apperçus une assez belle plage en friche auprès du bois de la Tour du Lay. Alors je
précipitai ma descente. Arrivé à vingt à trente toises de terre, je jetai subitement deux à
trois livres de lest qui me restoient & que j'a-
vois gardé précieusement; je restai un instant comme stationnaire & vins descendre
mollement sur la friche même que j'avois,
pour ainsi dire, choisie. J'étois à plus d'une
lieue du point du départ. Les déviations fré-
quentes que j'essuyai, les retours sur moi-
même, me font présumer que le trajet aérien
a été de plus de trois lieues. Il y avoit trente-cinq minutes que j'étois parti; & telle est
la sûreté des combinaisons de notre Machine

aéroftatique , que je pus confommer & à volonté 130 de légéreté fpécifique , dont la confervation également volontaire eût pu me
maintenir en l'air au moins 24 heures de plus.
Lorfque Mgr. le Duc de Chartres & M. le
Duc de Fitz-James me virent ainfi defcendre
de loin & avec autant de précifion , ils n'eurent plus aucune inquiétude fur mon fort ; & ,
laiffant M. Robert avec nombreufe compa-
gnie , venir à ma rencontre à travers les hal-
liers , les fentiers , les vallées impraticables
à leurs chevaux fatigués , ils retournerent à
Paris , & le Prince bienveillant fe hâta de
donner lui - même de nos nouvelles à tout le
monde , & de calmer l'alarme univerfelle que
notre difparition avoit caufée.

Precis historique de la grande Expérience faite à Lyon le 19 Janvier 1784.

E T

L'Exposé d'un moyen ingénieux pour diriger à volonté les Ballons aérostatiques.

LE BALLON DES BROTEAUX DE LYON,

ou *LE FLESSELLES.*

LE succès de l'Expérience de Versailles du 19 Septembre 1783 , engagea M. de Flesselles, Intendant de Lyon , & quelques Amateurs , à proposer aux Citoyens de cette Ville une Souscription pour un Ballon Aérostatique de 100 pieds de diametre horizontal , 110 pieds à 120 pieds de hauteur perpendiculaire. Cette Souscription qui ne fut ouverte que le 22 Octobre , fut accueillie avec empressement par toutes les personnes

notables

notables de la Ville ; & des Etrangers de
la plus haute diftinction fe firent gloire d'y
contribuer , & d'y prendre des actions.

Quelques amis de MM. de Montgolfier
crurent devoit propofer à M. de Montgolfier
l'ainé , qui a eu la plus grande part à une
découverte fi célebre , de venir d'Annonay
à Lyon , pour exécuter lui-même cette
énorme machine. Il fe rendit à leurs prieres ,
& fe chargea de la direction des travaux.

A cette époque , il n'y avoit encore eu
dans la Capitale aucun Voyage aérien à
Ballon perdu , & l'on ne fe propofoit à
Lyon qu'une expérience en grand d'un
Ballon aéroftatique. Il eft certain que fi
l'on eût eu dès-lors le projet d'un voyage ,
on auroit employé à la conftruction de cette
machine , des matériaux plus folides , une
toile plus ferrée & des nervures plus capables d'en foutenir le développement ; mais
nous le répétons , ceux qui avoient propofé
la foufcription ne vouloient que lancer un
Globe aéroftatique de la plus vafte di-
menfion.

Il fut donc conftruit en toiles très-com-

munes & d'un tissu peu serré , de celles
qu'on a coutume d'employer aux emballa-
ges des marchandises de peu de valeur : deux
doubles de cette toile, cousus & piqués
ensemble , fourrés entre deux , par quatre
feuilles de papier , formerent cette immense
enveloppe : le tout étant piqué , & soutenu
par des rubans de fil de couleur rose , cousus
en losange sur toute la surface extérieure.

Il faut convenir que c'en étoit assez pour
l'expérience qu'on se proposoit ; & l'événement a prouvé qu'un pareil Globe pouvoit
s'élever à une prodigieuse hauteur , malgré
la grande déperdition d'air dilaté qui doit
se faire par un si frêle tissu.

Les expériences de la rue de Montreuil ,
& sur-tout celle de la Muette , où des intrépides Voyageurs s'étoient élevés à Ballon perdu dans les Globes construits par M.
Etienne de Montgolfier , firent concevoir
à un militaire d'un mérite distingué , le hardi
projet de tenter un pareil voyage dans la
Machine de Lyon ; mais la construction en
étoit déja fort avancée , & il n'étoit plus
possible de lui donner la solidité convenable

à ce nouveau plan : néanmoins l'on se dif-
putoit la gloire d'être désigné pour y monter,
lorsque M. Pilâtre de Rozier, le premier
des Voyageurs aériens, se rendit à Lyon,
sur le bruit de cette grande Expérience,
n'ayant d'autre dessein que d'en être simple
spectateur.

L'on s'empressa autour de lui ; M. de
Montgolfier l'ainé fit le plus grand accueil
à ce coopérateur zélé des Expériences faites
dans la Capitale par M. son frere ; & l'on
doit croire que l'intrépide M. Pilatre, ayant
été consulté sur le projet d'un nouveau voyage
dans les airs, ne le combattit point, mais
il proposa quelques réparations accessoires
pour en diminuer le danger, & fortifier
les parties qui font le plus exposées.

En conséquence, le haut de la Machine
fut doublée extérieurement avec de la toile
de coton blanc posée en forme de calotte ;
& l'on assure qu'il en fallut plus de 300
aunes, quoique dans le développement du
Globe, cette partie parût de très-peu d'é-
tendue, & seulement dans la proportion
du cercle polaire sur une sphere terrestre.

La manche en fut faite en drap de laine,
appellé *Cadis*, moins susceptible que la toile,
de prendre feu & de s'embraser. On y adapta
une galerie en osier formant une circonférence
de 22 pieds de diametre de bord à bord extérieur, & de 17 pieds de diametre de bord
à bord intérieur : le réchaud ou grille devant
être suspendu un peu au-dessus de la galerie,
à la portée des Voyageurs, & correspondre
à son centre. Un filet ou réseau de cordes,
fut destiné à envelopper & contenir l'hémisphere supérieur, & à maintenir la galerie
dans un parfait équilibre.

La Machine développée devoit présenter
une forme sphérique très-élégante, le pole
supérieur étant un peu relevé, & le pole
inférieur formant une espece de col ou manche dans une proportion convenable à la
grandeur & à la forme totale.

Le bruit de cette grande expérience s'é-
toit répandu dans toute l'Europe ; on accouroit des extrémités du Royaume & des
Pays étrangers ; & l'on disoit hautement,
que des personnes du rang le plus élevé,
trouvant ce phénomene de l'industrie de

l'homme, digne de leur curiofité, fe rendroient à Lyon pour jouir d'un fi grand
fpectacle.

Il y eut des gens d'une imagination exal-
tée, ou peut-être quelques mauvais plai-
fans, qui envoyerent aux Auteurs des Gazettes, un avis par lequel on fuppofoit à
MM. de Montgolfier & Pilâtre le projet ridicule d'aller déjeûner à Merfeille, ou diner
à Paris. On leur fuppofoit même des moyens
affurés de fe diriger à volonté. Ne foyons
pas furpris que des François veuillent plai-
fanter de tout ; tel eft leur heureux carac-
tere ; mais on peut l'être, qu'il fe foit trouvé
des perfonnes judicieufes qui aient cru à cette
exagération.

Ceux qui connoiffent MM. de Montgolfier, & qui favent à quel degré ils joignent
la modeftie, le fang froid, & la défiance
d'eux-mêmes, aux talens & au génie, ne
leur imputeront jamais d'avoir conçu des
idées fi chimériques. M. de Montgolfier
l'aîné & M. Pilâtre ne cachoient à perfonne
que cette machine n'avoit point affez de
folidité & d'imperméabilité, pour efpérer

de pouvoir la foutenir long-temps dans fon
développement ; & qu'il faudroit pour cela
une prodigieufe quantité de matieres com-
buftibles ; ainfi leur projet ne fut que de
s'élever à une grande hauteur ; peut-être ce
projet même étoit-il téméraire ; mais c'eft
le feul qu'ils aient conçu , s'en remettant
pour l'étendue & la direction de leur voyage , au gré des vents.

Pendant qu'on travailloit à la conftruction du plus grand des globes aéroftatiques
qu'on ait jamais ofé entreprendre jufqu'à
ce jour , l'Académie de Lyon s'empreffa
d'admettre parmi fes Membres affociés ,
M. Jofeph de Montgolfier l'ainé ; il y fut
reçu par acclamation, ainfi que M. Pilâtre
de Rozier.

On avoit choifi pour les expériences , la
plaine des Broteaux , fitués fur la rive orien-
tale du Rhône ; là on conftruifit une eftrade
flanquée de deux mâts , & ceinte d'une clô-
ture formant un amphithéâtre en gradins
pour y placer les Soufcripteurs & les Dames.

Dès que l'attirail de cette immenfe machine y eût été transporté , l'affluence des

perſonnes de tous états ne ceſſa point ; on
s'y rendoit en foule tous les jours pour ſuivre
les opérations préparatoires ; en effet, on
ne pouvoit voir ſans intérêt des Seigneurs
du plus haut rang, vêtus comme les ouvriers, expoſés aux rigueurs de la ſaiſon,
& ne dédaignant pas de s'employer publique-
ment nuit & jour, aux travaux les plus pé-
nibles, pour accélérer leur voyage : voyage,
auquel les Spectateurs, même les plus courageux, ne pouvoient penſer ſans frémir.

Ce fut le Samedi 10 Janvier que ſe fit
la premiere expérience publique ; mais nous
n'en parlerons point, non plus que des eſſais
qui eurent lieu les jours ſuivans pour vérifier
le véritable état de l'enveloppe. Le Jeudi
15, on fit l'épreuve de ſon développement
total ; l'Expérience eut le plus grand ſuccès :
cette énorme Machine de plus de 300 pieds
de circonférence, qui avoit, dans ſa grandeur, la forme la plus élégante, fut chargée
en vingt minutes environ, alors elle pré-
ſenta le plus magnifique ſpectacle, aux acclamations d'une foule immenſe. Il y fut
fait en préſence de l'Académie & de M.

de Sauſſure , diverſes obſervations relatives
à la dilatation & à la chaleur de l'air intérieur.

MM. les Souſcripteurs s'étoient empreſ-
ſés d'en faire hommage à M. l'Intendant
ce Vaiſſeau aérien fut appellé *le Fleſſelles*,
& mis ſous le commandement de M. Pilâtre ;
parmi ceux qui avoient ſollicité l'avantage
de le monter , il étoit le ſeul qui eût déja
pratiqué la manœuvre propre à cette navigation.

Le pavillon de M. de Fleſſelles fut attaché
au bord oriental du Globe , par les mains
de Madame l'Intendante. A la partie du
Nord qui formoit la proue du Navire , étoit
la Renommée ; & au-deſſous de cette figure ,
on liſoit ces quatre vers par M. Vaſſelier de
l'Académie de Lyon.

> Un eſpace infini nous ſéparoit des Cieux ,
> Mais grace aux MONTGOLFIER que le génie
>   inſpire ,
> L'aigle de Jupiter a perdu ſon empire ,
> Et le foible Mortel peut s'approcher des Dieux.

A la poupe , c'eſt-à-dire , à la partie du

Sud, devoient être inscrits sur un tableau ; le jour, le lieu & les circonstances de l'enlévement de la Machine & des Voyageurs.

L'enveloppe ayant paru en état autant qu'elle pouvoit l'être, le jour de la grande Expérience fut fixé au lendemain 16 Janvier ; mais pendant la nuit il y eut de la pluie & de la neige, & le matin il gela, sans qu'on eût pu mettre les toiles à couvert.

Cependant le jour s'étant mis au beau sur les neuf heures du matin, on se rendit en foule autour de l'estrade : MM. de Montgolfier & Pilâtre assuroient que la machine étant en cet état, on ne pouvoit tenter l'Expérience sans y causer des dommages qui en empêcheroient le succès ; mais le desir & l'impatience des spectateurs se manifesta avec tant de vivacité, que ces Messieurs consentirent au vœu général.

L'enveloppe étant mouillée & chargée de glaçons, on fut obligé, pour opérer sa dilatation, d'employer un feu plus vif que ne le comportoient les premiers instans de l'Expérience, où le sommet est encore trop rapproché du foyer ; il arriva donc que la

partie supérieure commençant à se développer, il s'y fit diverses ouvertures par l'effet
de l'humidité & d'une chaleur trop vive ;
peu s'en fallut qu'il n'y eût un embrasement ,
la machine s'étant affaissée subitement sur
le brasier. Au moyen des pompes on eut
bientôt éteint le feu ; mais on ne sauroit
exprimer la consternation générale , & le
chagrin des Voyageurs qui étoient tout prêts
à partir , vêtus de leur uniforme. Ce n'est
pas sans regret que nous ajouterons qu'un
grand nombre de Spectateurs eut l'injustice
de murmurer contre nos Physiciens , tandis
que cette catastrophe n'étoit due qu'à l'impatience excessive du Public.

MM. de Montgolfier , Pilâtre & leurs
coopérateurs ne furent découragés qu'un instant ; aussi-tôt ils se remirent à l'œuvre ,
& sans songer aux fatigues extraordinaires
de la journée , ils s'employerent sur le
champ & jusqu'au soir du Samedi 17 , aux
réparations , avec la plus grande célérité :
la nuit même ne devoit pas interrompre
leurs travaux ; mais celle du 17 au 18 fut
remarquable par un orage violent , accom-

pagné de pluie & de neige : jamais on n'avoit vu le Barometre defcendre autant & fi fubi-tement ; cet orage dura le lendemain Di-manche pendant toute la journée. On fe donna beaucoup de foins pour garantir l'en-veloppe,en la couvrant avec de la toile cirée , mais on ne put y parvenir qu'imparfaitement.

Cependant le temps s'étant un peu remis le Dimanche au foir , il fut décidé que pour fatisfaire le defir général , l'enlévement au-roit lieu dès le lendemain 19 , & en confé-quence nos Phyficiens s'y préparerent. Mais que pouvoit – on attendre d'une enveloppe faite avec de la toile foible & groffiere & du papier , qui avoit été expofée à la pluie & à la gelée pendant plufieurs jours de fuite , & qui dans cet état avoit été travaillée par diverfes Expériences. MM. de Montgolfier & Pilâtre ne cacherent point qu'ils doutoient du fuccès.

Avant ces cataftrophes fucceffives , fix Voyageurs avoient obtenus d'y monter ; favoir , MM. de Montgolfier & Pilâtre , le Prince Charles, fils du Prince de Ligne ; MM. les Comtes de Laurencin , de la Porte d'Anglefort & de Dampierre. Dès le Lundi matin MM. de Montgolfier & Pilâtre affu-rerent de nouveau que la Machine étoit en tel état, qu'il y avoit un danger évident à monter, fur-tout en fi grand nombre, & ils offrirent de s'y mettre eux feuls, ou trois au plus.

Le filet deftiné à renforcer l'hémifphere fupérieur ne put y être confervé ; car outre qu'il furchargeoit la machine d'un poids de fix à fept quintaux, c'eft qu'ayant été gelé & exceffivement mouillé, il s'étoit rétreci, & auroit comprimé & ferré la machine d'une maniere inégale lors de fon dévelop-pement; il fallut donc le fupprimer, & diminuer d'autant la folidité de ce globe.

A onze heures trois quarts, tout étant prêt, & la galerie leftée & meublée, on donna par un coup de boîte le fignal du feu allumé : l'accident qu'on avoit éprouvé le Samedi 17, engagea à modérer le feu & à ne développer qu'avec lenteur cette magnifique fphere ; à midi & trois quarts elle préfenta fa forme complette, terminée par la Galerie ; c'étoit un fpectacle vraiment magnifique & impofant ; tout promettoit un fuccès décidé ; le temps étoit beau , l'air de vent étoit à peu près Eft-Sud-Eft , & devoit porter la machine à travers le Rhône , fur le quartier Saint-Clair & la Croix - Rouffe.

On attendoit le fignal du départ ; mais MM. de Laurencin , d'Anglefort & de Dampierre craignant d'être exclus du voyage , avoient fauté des premiers dans la galerie ; MM. de Montgolfier & Pilâtre infiftoient de la maniere la plus preffante pour les engager à s'en retirer , trouvant le nombre des Voyageurs beaucoup trop confidérable , relativement à l'état de la Machine , & exigeant qu'il fût réduit à trois au plus ; favoir , eux-mêmes & le Prince Charles.

Mais tous ces Meffieurs animés d'une même ardeur , refuferent d'abandonner leur pofte ; on propofa de tirer au fort , ce qui fut refufé : enfin , & après des difcuffions affez vives , on propofa de demander l'avis de M. l'Intendant. M. de Fleffelles crut devoir déclarer qu'il étoit infiniment préférable de fatisfaire tous les illuftres Voyageurs qui avoient pris pofte dans la galerie , en faifant quelques sacrifices sur l'ascension , & sur l'étendue du voyage projeté.

Pendant cette discussion , la machine , parfaitement développée & immobile , se soutenoit sur son à plomb ; lorsqu'on fut d'accord , la boîte pour le signal du départ fut tirée & les cordes rendues ; il étoit une heure après midi : à l'instant , la machine s'étant déja élevée de trois à quatre pieds au - dessus de l'estrade , un jeune homme nommé Fontaine ; l'un des plus zélés coopérateurs à la construction , plein de courage , saisit imprudemment la galerie , s'élance & prend poste , malgré les six illustres Voyageurs. L'ascension de la machine en fut ralentie , & deux cordes ayant été oubliées & restant fermes entre les mains de ceux qui les tenoient dans l'enceinte , le globe redescendit très-incliné à l'Occident ; dans cet état, il se traîna à la distance de quelques toises de l'estrade , fort près de terre & touchant les spectateurs. La frayeur fut très-grande parmi eux ; l'une de ces deux cordes s'engagea dans le mât occidental , la galerie s'accrocha à la cloison de l'enceinte & en renversa une partie : on vit le moment où le globe éclateroit ou iroit dans une situation renversée, s'embarrasser dans des arbres. Les cordes furent enfin coupées, mais ce tiraillement opposé à l'action du centre de gravité donna naissance à une déchirure dans l'hémisphere supérieur, qui faillit ensuite à coûter la vie à ces illustres & intéressans Voyageurs.

Cependant ayant forcé leur feu, le globe se redressa parfaitement, reprit son à plomb & commença à s'élever avec majesté; il partoit par une direction de vent d'Est assez léger, qui ne l'éloignoit pas beaucoup de la perpendiculaire sur le point du départ, cependant il sembloit se diriger du côté du Rhône & devoir le traverser sur le quartier Saint-Clair : M. Pilâtre, qui, ainsi que M. de Montgolfier, avoit annoncé tout le danger de s'embarquer sur une si frêle machine, la voyant s'élever avec lenteur & se diriger vers le fleuve, dit : Messieurs, nous allons descendre dans le Rhône ; alors ils forcerent de nouveau le feu, en y jetant des bouteilles d'esprit de vin ; le globe s'éleva aussi-tôt avec vitesse ; & l'air de vent ayant changé & tourné subitement de l'Est à l'Ouest, ils furent ainsi

tirés de ce pas dangereux ; ils vinrent repaſ-
ſer perpendiculairement ſur l'eſtrade , faiſant
route à l'Eſt-Sud-Eſt , s'étant dès-lors élevés
à plus de cinq cens toiſes.

L'émotion des ſpectateurs , mêlée de joie
& de crainte , s'exprimoit par des cris & des
battemens de mains ; on entendoit de toutes
parts , les ſouhaits du peuple en faveur des
Voyageurs téméraires qui expoſoient ſi évidemment leurs vies , pour les progrès de cette
belle découverte : ces Meſſieurs, ſaluant avec
leurs mouchoirs pour raſſurer la multitude in-
quiete , avoient répondu d'abord à la voix
ſeule , enſuite avec le porte-voix ; bientôt il
ne fut plus poſſible de les entendre. De leur
côté , après avoir entendu le bruit exceſſif &
tumultueux des acclamations d'un peuple immenſe , ils ſe trouverent preſqu'auſſi-tot dans
le calme le plus ſilencieux des Régions céleſ-
tes ; ce contraſte leur cauſa une ſenſation extraordinaire.

L'air de vent changea une troiſieme fois
& devint Sud-Sud-Oueſt , ce qui les porta au-
deſſus des nouveaux bâtimens de la Loge de la
Bienfaiſance. Au point même où ils prirent

cette

cette nouvelle direction , le drapeau de la Renommée se détacha & vint à terre ; depuis
lors , la ligne qu'ils parcoururent jusques au-
dessus de la Loge, fut exactement marquée par
diverses pieces de bois échappées de la machine. Etant arrivés dans une position tout-à-
fait perpendiculaire à la Loge , ils y resterent
en station environ quatre minutes ; à cette
grande élévation , le globe présentoit le plus
beau spectacle ; sa forme étoit superbe , étant
éclairée par les rayons du soleil ; on l'eût dit
fixé dans le ciel , comme un nouvel astre.

Ce fut dans cette station qu'on crut s'appercevoir qu'il se rapprochoit de la terre ,
en prolongeant la ligne qu'il venoit de parcourir. En effet, bientôt on commença à distinguer les Voyageurs, & même leur descente
parut s'accélérer avec trop de vitesse : ils par-
lerent avec leur porte-voix , mais on ne put
les entendre. En général , on crut d'abord
qu'ils descendoient volontairement pour prendre la direction du vent , dans une région
inférieure , & sortir de la station qu'ils venoient d'éprouver ; mais les Connoisseurs qui
distinguoient très-bien que ces Messieurs for-

çoient leur feu , fans diminuer la vîteffe de la defcente , furent pénétrés de terreur & fe porterent du côté où la machine paroiffoit arriver.

La frayeur s'empara bientôt de tous les Spectateurs ; car l'on ne douta plus que les Voyageurs ne vinffent en bas contre leur gré , lorfqu'on s'apperçut que le mouvement de defcente s'accéleroit de plus en plus , jufqu'à l'inftant où ils toucherent à terre dans un champ fitué entre la Loge de la Bienfaifance & le chemin des Charpennes.

Il feroit difficile de peindre les tranfes & les inquiétudes de ce peuple immenfe , incertain du fort des Voyageurs ; d'abord on n'avoit vu de toutes parts que gens élévant les mains par un mouvement involontaire , comme pour foutenir le ballon dans fa chûte ; on n'entendit enfuite que des cris inarticulés.

Les premieres nouvelles furent très-effrayantes ; les uns qui , en s'approchant du lieu où le globe étoit tombé , n'y avoient vu que des flammes & un énorme monceau de toiles , fans qu'il parût aucun de ces Meffieurs , les difoient brûlés ou étouffés ; d'autres affir-

moient qu'ils s'étoient fracaffés dans leur chûte , mais les fortunés & intrépides Voyageurs , échappés du feu & débarraffés de leurs
entraves , ne tarderent pas d'emboucher eux-
mêmes le porte-voix , criant qu'ils n'avoient
point de mal ; ce qui , paffant de bouche en
bouche, eût bientôt raffuré la multitude ; alors
la joie fuccéda à la confternation , & une foule
immenfe fe porta avec précipitation au-devant
d'eux.

MM. de Montgolfier & Pilâtre fe trouverent à terre , les plus embarraffés dans l'enveloppe ; ils en furent dégagés par leurs illuftres compagnons. Si les Voyageurs & leur feu
ne furent pas abfolument enveloppés par la
toile de cette énorme fphere , ce fut un heureux effet du hazard ; au moment de la chûte , le globe fe renverfa du côté d'Oueft , où
il s'affaiffa , laiffant à l'Eft , la galerie , les
Voyageurs & leur feu à découvert.

Le Marquis d'Anglefort eût une dent caf-
fée , & le Prince Charles une contufion à la
jambe. Cependant nous vîmes , à l'inftant
même , que ces hardis Voyageurs étoient
tranquilles & de fang froid , ne s'occupant

qu'à éteindre le feu pour garantir l'enveloppe
de l'embrasement dont elle étoit menacée , &
à rassurer ceux qui étoient accourus les premiers , en leur affirmant qu'ils n'avoient point
de mal.

Ils furent ramenés en triomphe par le peuple , & l'on n'entendoit de tous côtés que
*Vive Montgolfier & Pilâtre , Vive le Prince
de Ligne & tous les courageux Voyageurs.*
Ceux-ci satisfaits de la joie de la multitude ,
se tenoient sous les bras , ayant M. de Montgolfier au milieu d'eux , & on les voyoit fré-
quemment l'embrasser. Un fossé , assez pro-
fond & mouvant par un terrain boueux , se
trouvant sur leur passage , fut à l'instant rempli de citoyens qui le firent traverser à M. de
Montgolfier sur leur dos , & M. le Comte de
Laurencin fut enlevé & porté par le peuple.
Cette marche fut interrompue par l'arrivée
d'une voiture où M. de Montgolfier & cinq
des Voyageurs furent placés. Le peuple se jeta
sur le siege du Cocher , sur l'impériale &
derriere la voiture. Un Particulier présenta
son cheval à M. Pilâtre & voulut le conduire
par la bride ; celui-ci étoit couvert de la re-

dingote d'un Cavalier de Maréchauffée ; car dans cet événement il avoit perdu fon manteau & fes fouliers.

C'eft ainfi que les Voyageurs rentrerent dans la Ville , toujours entourés d'une multitude immenfe ; la voiture étant traînée & pouffée par le peuple & fans ceffe arrêtée dans fa marche par ceux qui vouloient les voir de près , & les embraffer.

Couverts de fueur , noirs de fumée , ils fe rendirent chez eux dans ce cortege ; M. l'Intendant & M. le Commandant les envoyerent inviter à fe rendre à la comédie pour fatisfaire l'empreffement que le Public avoit de les voir. Après quelques heures de repos , ils y furent conduits & placés dans la Loge de M. l'Intendant.

On repréfentoit *Iphigénie en Aulide*. A leur arrivée , les acclamations , les battemens de mains , leur témoignerent de nouveau la fatisfaction publique. On fit recommencer l'Opéra , dont les premieres fcenes étoient jouées. Des couronnes de laurier leur furent préfentées par Mme. de Fleffelles. La modeftie de M. de Montgolfier l'empêcha

de laiffer fur fa tête celle qu'il avoit reçue ;
mais M. Pilâtre du Rozier , dès qu'il eut
reçu la fienne , s'empreffa de l'en couronner.

Lorfque Clytemneftre dit à fa fille :

> Que j'aime à voir ces hommages flatteurs ,
> Qu'ici l'on s'empreffe à vous rendre !

elle fe tourna du côté de la loge de M. l'Intendant ; & fembloit appliquer ces expref-
fions , fi énergiques dans cette circonftance ,
aux perfonnes qui étoient l'objet de l'empreffement général. Les Spectateurs fentirent
vivement cette allufion , & redoublerent
leurs acclamations.

Après le premier acte, quelques citoyens
ayant apperçu M. Auguftin de Montgolfier
dans le parterre , ils s'emprefferent de l'élever
entre leurs bras, & de le préfenter au Public.
Enfuite ils le porterent dans la loge de M.
l'Intendant.

M. Fontaine fe trouvoit auffi au parterre ;
les Spectateurs s'en apperçurent ; les acclamations recommencerent ; il fut auffi cou-
ronné & conduit dans la loge où étoient les
autres Voyageurs ; tous les Spectateurs y

applaudirent, & témoignerent le même empreffement à leur fortie de l'Opéra ; la foule
les accompagna chez M. le Commandant,
& ils y fouperent. Des Muficiens amateurs
y vinrent leur donner des férénades.

Ce voyage mémorable par la vafte étendue de la machine & fon poids énorme, par
le grand nombre de Voyageurs , & par la
grande hauteur où elle eft parvenue , a duré
treize minutes, depuis le fignal de l'afcenfion du Globe jufqu'au moment de fon arrivée à terre.

Les obfervations fur le plus haut point
d'élévation de ce Globe aéroftatique ne s'ac-
cordent point entr'elles ; les uns le plaçant
à cinq cens toifes, les autres à mille : il n'y
eut pas en ce moment affez d'obfervateurs,
& les poftes où ils étoient placés n'étoient
pas également favorables. Quoi qu'il en foit,
ce globe s'eft prodigieufement élevé, fi l'on
confidere fa maffe & fa chétive enveloppe.
Quoique fon afcenfion fe foit faite à une
affez grande diftance de la Ville, & que les
maifons en foient très-élevées, il fut vu de
prefque toutes les rues, & paroiffoit devoir

y defcendre. Il a été apperçu de plus de dix
lieues de diftance des Broteaux , & l'on affure
qu'on l'a vu de Mâcon ; ç'auroit été bien
autre chofe , fi on l'eût conftruit dans les
mêmes dimenfions , avec une étoffe plus ferrée , ou même s'il fe fût foutenu plus long-
temps fans fe déchirer.

La premiere caufe d'une chûte qui pouvoit
être fi funefte, fut dans la mauvaife qualité
de l'enveloppe , qui par l'effet des expériences multipliées , des pluies , de la gelée &
du feu , étoit , le jour du départ , femblable
à un crible dans toutes fes parties. La feconde caufe fut le trop grand poids dont la
machine étoit chargée , à raifon du mauvais
état où elle fe trouvoit. La troifieme eft
provenue , comme nous l'avons dit , d'une
déchirure confidérable dans l'hémifphere fupérieur , occafionnée par le tiraillement de
deux cordes qui ne furent point rendues au
fignal du départ , par ceux qui les tenoient.
Cette déchirure fit dans la route des progrès
très rapides , au point qu'il pouvoit facilement arriver que le globe s'entrouvrît tout-
à-fait dans fa plus grande élévation. Les

Voyageurs ne s'en apperçurent que par un
éclat bruyant qu'elle fit en fe prolongeant,
& auffi-tôt ils fe trouverent à terre, fans avoir
eu le temps de fonger au danger extrême
où ils fe trouvoient.

La tentative du 17 & le voyage du 19
femblent indiquer, que lorfqu'il arrive une
déchirure confidérable, fur - tout dans la
partie fupérieure, on ne fait qu'accroitre la
viteffe de la chûte, en pouffant vivement
le feu, bien loin de la ralentir; alors, ainfi
que l'ont éprouvé nos Voyageurs, il s'éta-
blit un courant rapide d'air athmofphérique,
paffant avec impétuofité par le réchaud &
par toutes les ouvertures de la manche, fe
portant avec la même force au travers de
l'intérieur du Globe, pour fortir par la déchirure, ce qui dans un clin d'œil entraîne
ou détruit totalement l'air dilaté, & préci-
dite la machine. Il nous paroîtroit donc
qu'en pareille circonftance, 1°. il faudroit
éteindre tout - à - fait le feu, ce qui fe pra-
tiqueroit en renverfant le réchaud, qui, à
cet effet, pourroit être monté en bafcule,
de maniere à rendre l'opération facile. 2°. Il

feroit à defirer qu'après le renverfement du réchaud, il fut poffible de fermer promptement l'ouverture de la manche, comme l'on fait d'une bourfe, de maniere à intercepter ou ralentir tout courant d'air, foit defcendant, foit afcendant, qui fe feroit par la déchirure. Au furplus, nous pouvons nous tromper dans nos conjectures, mais il fera aifé d'en faire l'épreuve à terre, & l'objet eft d'affez grande conféquence pour mériter des effais de la part de ceux qui feront conftruire des ballons aéroftatiques.

Quoi qu'il en foit, bien loin qu'on doive rien conclure de cet événement contre les Machines conftruites & chargées, fuivant la méthode que MM. de Montgolfier ont préférée, on doit au contraire convenir que, fuivant cette méthode, & en employant des enveloppes d'un tiffu folide, on peut enlever dans des vaftes globes aéroftatiques, un grand nombre de Voyageurs & des poids confidérables, fans courir aucuns rifques.

Quant à l'immenfe, mais trop frêle machine de Lyon, conftruite feulement pour être lancée à Ballon perdu, fans autre charge

que fon left, il y avoit de la témérité à s'en
fervir pour un voyage aérien. Auffi, quoique
l'expérience ait été très - belle, nos Voyageurs fe font vus néanmoins expofés aux
plus grands dangers ; car fi le premier air
de vent d'Eft fe fût foutenu, ils auroient
été portés fur le Rhône & feroient évidemment defcendus dans ce fleuve ; s'ils fe fuffent élevés davantage, le globe fe feroit
trouvé, à quelques cens pieds de hauteur,
prefque totalement déchargé par l'ouverture, qui pendant la route auroit fait les progrès les plus alarmans : alors leur chûte eût
été terrible. Enveloppés dans la toile avec
la galerie & leur feu, il y auroit eu un em-
brafement total, avant leur arrivée à terre.

Le globe a été démonté fur le champ, &
les matériaux, mis en ballots, ont été tranfportés dans les bâtimens de la Loge de la
Bienfaifance.

L'ART
DE DIRIGER LES BALLONS.

*MOYEN proposé par M. BULLIARD,
le 14 Janvier 1784.*

NOUS nous empreſſons de joindre à ce Recueil, le précis des expériences que vient de faire M. Bulliard, Auteur de l'*Herbier de la France*, ſur un moyen qu'il propoſe pour diriger à volonté les Ballons aéroſtatiques & autres corps flottans dans l'air ou dans l'eau. Voici comment il s'exprime.

Le recul continuel qu'éprouve une piece d'artifice, quand on y a mis le feu, me paroît un moyen ſur lequel on peut compter pour faire remonter, contre les efforts de l'air ou de l'eau, un corps flottant quelconque : on eſt ſur-tout porté à le croire, quand on fait attention que l'on peut multiplier par-tout à volonté les forces d'une piece d'artifice & rendre ſon effet plus ou moins

violent, plus ou moins prompt & plus ou
moins durable. Je ne me fuis encore fervi,
dans mes expériences, que de fufées volan-
tes ordinaires, de différens calibres; c'eſt
de leurs effets dont je vais rendre compte.
1°. J'ai attaché dans une direction horizontale, à un petit chariot d'enfant, du poids
de deux livres deux onces, une fufée volante du calibre de fix lignes; elle l'a entraîné fur la glace à une diſtance de 32 pieds;
j'ai répété cette expérience avec une fufée
du même calibre & le même chariot : &
quoiqu'il fe fût arrêté un inſtant pendant
que la fufée brûloit, il a encore parcouru
un efpace de 36 pieds. 2°. Avec une fufée
du même calibre que les précédentes, j'ai
fait remonter ce même chariot fur une planche de fapin de 14 pieds de longueur, inclinée de 4 pouces & affez mal rabotée : la rapidité avec laquelle il eſt monté, a paru être
la même que celle avec laquelle il venoit de
parcourir une ligne horizontale. 3°. Le 6 de
ce mois, à 4 heures & demie du foir, en
préfence de MM. Guillaume de Croiffy &
Charbonnier, & de plufieurs perfonnes qui

fe trouvèrent là, j'ai répété ces expériences fur l'eau ; elles ont été faites dans ce
courant rapide qui vient du milieu de la
Seine mouiller les flancs du bateau des blan-
chiffeufes de l'Hôpital général. J'avois fait
faire un efpece de radeau en bois léger, j'a-
vois recommandé qu'on lui donnât, s'il étoit
poffible, les avantages qu'auroit un bachot
de 8 pieds & demi de long fur 15 pouces
dans fa plus grande largeur ; mais l'ouvrier
s'eft un peu écarté des loix de fillage ; il n'a
fait qu'un fimple rebord de 2 pouces de hauteur, & ne lui a pas donné affez d'obliqui-
té ; ce qui n'a pas manqué de nuire aux expériences. J'ai attaché, dans une direction
horizontale, à une des extrèmités de cette
machine, une fufée du calibre de 8 lignes,
fur 6 pouces & demi de charge ; on a mis
le feu à une mèche, dont la durée devoit
laiffer au radeau le temps fuffifant pour être
entraîné par le courant à une diftance de
50 pieds ou environ : à peine la piece d'artifice a-t-elle eu pris feu, qu'on a vu cette
machine remonter contre le fil de l'eau,
avec une rapidité à laquelle on ne s'attendoit

pas. Dans cette premiere expérience, la durée du feu n'a été que de 3 secondes, & le radeau n'a pu monter que 2 toises ou environ. La fusée étoit plus forte qu'il ne falloit, & il ne lui a manqué que de la durée. La seconde expérience avec une fusée du même calibre, a mieux réussi. Le feu a duré 4 secondes au moins, & le radeau a parcouru un espace presque double : cette différence a dépendu principalement de la maniere dont la fusée étoit placée. Je me propose de répéter ces expériences plus en grand ; mais il n'est pas nécessaire d'en attendre l'effet pour conclure hardiment, que dès qu'on aura donné aux Ballons aérostatiques une forme naviculaire, on en changera la direction à volonté, au moyen du recul d'une ou de plusieurs pieces d'artifices, maintenues dans une direction convenable & placées selon que les cas l'exigeront. Ce moyen ne sera pas aussi coûteux qu'on se l'imagine ; outre que l'on n'aura pas toujours besoin de pieces de fort calibre, & qu'il sera même très-rare qu'on en ait besoin, si l'on vient à defalquer du prix d'une piece d'artifice, celui des cartouches , & fi l'on compte pour quelque chofe la continuité de la confommation, & la fimplicité dont la main d'œuvre de l'artificier peut être fufceptible , on verra que la dépenfe des cartouches de métal une fois faite , une piece d'artifice de 30 fols ne reviendra pas à plus de 7 à 8. D'ailleurs n'eft-il pas encore des procédés économiques qu'un fimple artificier ignore , mais dont la phyfique nous indique les fuccès ? Qui fait même fi l'on ne fe contenteroit pas le plus fouvent des effets d'un fimple éolipyle , lorfqu'on n'auroit pas de grands efforts à vaincre ; & qui fait auffi où doivent fe borner ces effets de l'éolipyle ? Je crois avoir fait le premier pas dans l'art de donner aux Ballons aéroftatiques une direction volontaire ; on en lanceroit un aujourd'hui , que je voudrois le conduire par les airs , & tout le monde pourroit le faire comme moi. Si cette découverte peut être utile , c'eft au Public à la juger ; le temps & l'expérience la perfectionneront.

CALCUL

CALCUL

De la quantité de gaz inflammable obtenu par la combinaison du fer avec l'acide vitriolique, & du zinc avec l'acide marin.

PREMIÈRE EXPÉRIENCE.

Gaz inflammable, dont le poids est à celui de l'air atmosphérique (1), dans le rapport de 7 à 43.

	f.	d.
SIx onces d'acide vitriolique , à 66 degrés (2), coûtent. .	4	3
Quatre onces de limaille de fer extrait à l'aimant	1	
Dix-huit onces d'eau distillée , & menus frais	1	
Ces trois matières mêlées , ont fourni *un pied cube* de gaz. La dissolution ayant été aidée par la chaleur , a été complette dans une heure ½. Le prix du pied cube a donc coûté à Javelle.....	6	3

(1) Le terme moyen de la pesanteur de l'air atmosphérique , est lorsque le baromètre est à 28 pouces.

(2) L'acide vitriolique, à 66 degrés, est le plus concentré du commerce , à l'aréomètre de M. *Baumé*.

T

DEUXIÈME EXPÉRIENCE.

Gaz inflammable, dont le poids est à celui de l'air atmosphérique, comme 5 : 53.

	liv.	f.	d.
Six onces de limaille de zinc . .		5	
Six onces d'acide marin, très-concentré		7	6
Seize onces d'eau distillée, & menus frais		1	
Mêlés ensemble ont produit un pied cube de gaz. La saturation ayant été aidée par la chaleur, a été parfaite dans ¼ d'heure. Ce pied cube de gaz inflammable, très-léger, a par conséquent coûté à la manufacture		13	6

Les deux expériences que je viens de présenter, étant le résultat exact d'un grand nombre d'essais particuliers, peuvent devenir des termes de comparaison pour des Globes de différens diamètres. Par exemple, si l'on vouloit connoître le prix d'un Globe de 30 pieds de diamètre, ainsi que le poids qu'il pourroit supporter, pour rester en équilibre avec l'air atmosphérique, à 28 pouces.

Circonférence . . . .   94$^{pi.}$ 3$^{po.}$

Superficie . . . .   1827$^{pi.}$ quar.

Solidité . . . . 141 37$^{pi.}$ cub.

Le pied cube d'air déplacé ,
   pefant dix gros , lorfque le
   baromètre eft à 28 pouces,
   fournit en légèreté. . . . . . 1104$^{l.}$ 7$^{onc.}$ 2$^{gr.}$

Dont il faut d'abord déduire le
   poids de 339 aunes de taffetas , évalué d'après celui
   de M. Robert , à 6 onces
   l'aune   127   2

Refte en légèreté 977   5   2

En défalquant encore , pour
   les fangles, cordons, foies
   & robinet   25

Refte en légèreté 952   5   2

Enfin , je fuppofe le Globe
   plein de gaz, quoique les ¼
   fuffifent, comme je l'ai évalué, à prés d'un fixiéme du
   poids de l'air commun, qu'il
   a déplacé; c'eft donc encore à fouftraire de l'excès de
   légèreté   184   1   1½

Il reftera donc de légèreté . 768   4   0½

Prix des matieres.

Trois cens trente - neuf aunes de taffetas ℔ gommé à la copale, à double couche, faifant le vuide comme la veffie, à raifon de 10 livtes l'aune. . . . . 3390^l.

Cinq aunes pour les coutures   50

14137 pieds cubes de gaz tiré du fer à 6 f. 3 den. le pied cube. . . . . 4417 16^f.6^d.

Total du prix de la Machine . . 7857^l.16^f.6^d.

Si on employoit le gaz retiré du zinc, le Globe pourroit fupporter 78 livres de plus, mais il coûteroit alors 4124 l. 13 f. de plus que le précédent Globe; ce qui feroit en tout 11982 9 6

Malgré tous les foins qu'on pourroit apporter à l'exécution d'un Globe de cette efpèce, il perdroit chaque jour au moins 6 liv. de gaz, ce qui feroit une fomme de 452 pieds cubes ℔ à 6^f.3^d. le pied cube en argent. 141 15 3

D'après une perte journalière auffi confidérable, on voit l'impoffibilité de faire ufage du
gaz inflammable dans les expériences en
grand, à moins qu'on ne trouve une enveloppe dont le tiffu foit plus ferré que la veffie,
& la baudruche qui laiffe tamifer les deux
efpèces de gaz, avec une facilité qu'on
n'avoit pas encore appréciée, avant les dernières expériences de M. Faujas de Saint-
Fond (1).

(1) J'ai fuppofé la machine conftruite & remplie
dans une manufacture autre que celles de la capitale; fans quoi j'aurois tenu compte des droits im-
pofés fur les acides & autres matieres, qui augmen-
tent de près d'un fixieme les prix indiqués.

TABLEAU comparatif des principales dimensions des Machines aérostatiques à air inflammable, avec diverses enveloppes, & des poids qu'elles peuvent enlever, en supposant l'air inflammable dans le rapport de 1 à 8.

OBSERVATIONS.

Ces calculs sont faits pour trois espèces d'enveloppes; savoir, de peau de chevre pesant 4 onces le pied quarré; de peau de mouton pesant 2 onces ⅔ le pied quarré; & de taffetas enduit pesant ¼ d'once le pied quarré; il faudra déduire du poids de l'équilibre celui de tout ce qui sera ajouté à l'étoffe des Machines.

Dia-mètres.	Superficies.	Solides.	Force en peau de chevre.	En peau de mouton.	En taffetas enduit.	
pieds.	pieds.	pieds.	liv.	liv.	liv.	onces.
5	78 ¼	65	. . . .	. . . .	1	2
8	201	268	. . . .	. . . .	11	
10	314	523	. . . .	. . . .	24	½
12	452	905	. . . .	. . . .	49	
14	616	1437	. . . .	4	82	
16	804	2145	. . . .	25	128	
18	1018	3054	. . . .	50	196	
20	1257	4190	. . . .	101	265	
22	1521	5577	33	160	342	
24	1810	7241	83	234	451	
26	2124	9206	150	327	582	
28	2464	11498	250	441	730	
30	2828	14142	340	576	916	
35	3850	22458	700	1101	1482	
40	5028	33723	1240	1659	2261	
45	6364	47732	1944	2473	3236	
50	7857	65476	2884	3539	4480	
60	11314	113142	5550	6493	7973	
70	15400	179666	9455	10778	12583	
80	20114	268191	14550	16526	18936	
90	25457	381857	21914	24048	27485	
100	31428	523809	30934	33553	37943	
125	49107	1022065	63487	67579	73462	
150	70714	1767857	113242	119135	127605	
175	96350	2807291	183834	191855	203585	
200	125714	4190476	278901	289377	304437	

Equilibre des Machines en toile, remplies suivant les procédés de MM. de Montgolfier, en supposant l'air qui y est contenu, moitié moins pesant que l'air atmosphérique, & le poids de l'enveloppe à 2 onces par pied quarré.

Diamétres.	20 pieds supporteroient...20 livres.
22.	46
24.	80
26.	128
28.	178
30.	245
35.	469
40.	794
45.	1224
50.	1788
60.	3373
70.	5678
80.	8835
90.	12977
100.	18238
125.	37162
150.	66097
175.	106766
200.	155357

Méthode graphique pour couper les fuseaux d'un Globe.

1°. Soit décrit le demi‑cercle AEC du diamètre du Ballon propofé, *fig.* 1, *planche* V, qui fe trouve fur la *pl.* II.

2°. Elever du centre D une perpendiculaire DE.

3°. Divifer chacun des arcs AE & EC en fix parties égales, & par ces points de divifion, tirer des parallèles au diamètre ;

4°. Conftruire une figure auxiliaire, *fig.* 2, *même planche*, dont la longueur eft égale au développement des fix parties comprifes dans l'arc CE.

5°. A chacune des fix divifions de cette même figure auxiliaire, tracer des parallèles 1, 2, 3, 4, 5, 6, fur lefquelles les dimenfions du fufeau feront rapportées de la manière fuivante :

6°. On partage l'arc A 1, *fig.* 1, en deux parties égales, & du point de partage on tire le rayon 1 D ; enfuite tous les rayons des parallèles G 5, H 4, I 3, K 2, L 1, feront por‑

tés du point *D* comme centre, pour décrire
tous les arcs de réduction 5, 4, 3, 2, 1.

7°. On prendra la mesure de chacun de
ces arcs de réduction que l'on apportera par
ordre sur la figure auxiliaire ; c'est-à-dire,
que l'arc 5 sera porté sur la parallèle 6 , pour
avoir les deux points du fuseau sur cette parallèle ; l'arc 4 porté sur la parallèle 4 , & ainsi
de suite ; ce qui détermine les six points de
chaque côté de la ligne , qui servent à tracer
le fuseau.

L'on prendra un patron en papier ou en
carton sur cette dimension , & il servira de
modèle pour couper le taffetas ou la toile destinée à former le Globe.

F I N.

y

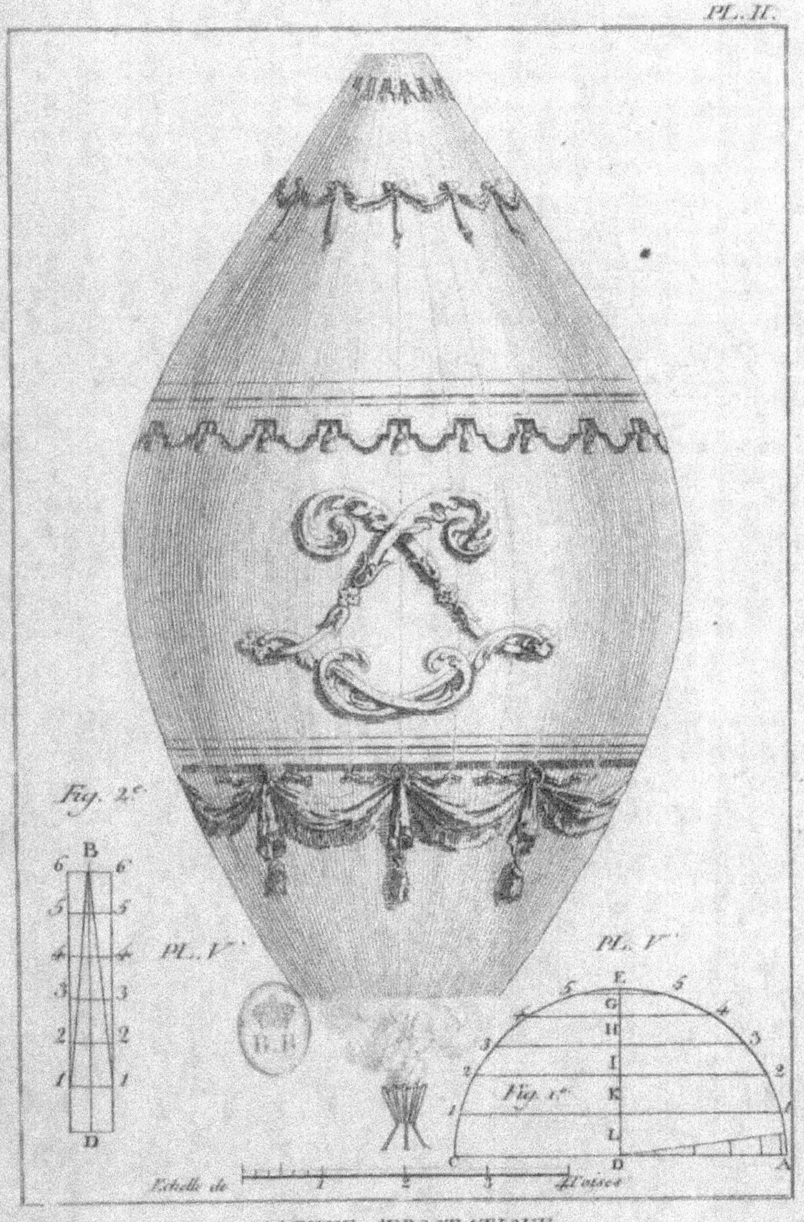

MACHINE AEROSTATIQUE.

Experience faite à Versaille.
par M. Montgolfier, le 19 Sept. 1783.

Pl. IV.

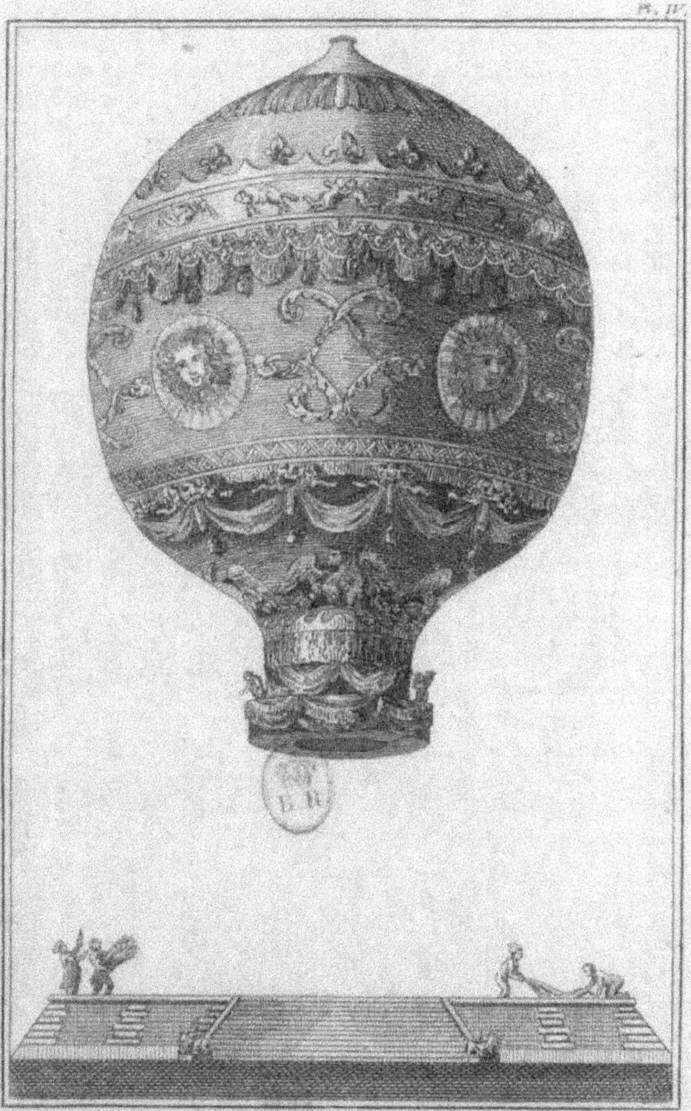

Machine Aérostatique de 70 Pieds de hauteur sur 46 de Diamétre, qui s'est élevé à Paris avec deux homme à la hauteur de 324 Pieds le 19. Oct. 1783.